Servizo de Publicacións
Universida_{de}Vigo

Manuais
Serie de manuais didácticos

n.º 088

Edición
Universidade de Vigo
Servizo de Publicacións
Rúa de Leonardo da Vinci, s/n
36310 Vigo

Deseño da portada
Tania Sueiro Graña
Área de Imaxe
Vicerreitoría de Comunicacións e Relacións Institucionais

Maquetación
Tórculo Comunicación Gráfica, S. A.

Fotografía da portada
Adobe stock

Impresión
Tórculo Comunicación Gráfica, S. A.

ISBN (Libro impreso)
978-84-1188-010-7

Depósito legal
VG 145-2024

Servizo de Publicacións
Universidade Vigo

Problemas de Ocenografía Física

Ejercicios resueltos con y sin solución numérica

Autor

Gabriel Rosón Porto

INTRODUCCIÓN

La Oceanografía Física es una materia que forma parte de la formación común de los planes de estudios del Grado en Ciencias del Mar de las seis Universidades españolas donde se imparte (Las Palmas de Gran Canaria, Cádiz, Vigo, Alicante, Católica de Valencia y Barcelona, por orden cronológico de implantación). En esta disciplina está orientada fundamentalmente al conocimiento básico de los procesos físicos del océano, así como de los patrones climatológicos que tienen especial relevancia en aquellos (circulación superficial, profunda, etc.), a través del estudio de los intercambios de masa y energía entre la superficie del mar y la atmósfera. En la actualidad, la Oceanografía Física se entiende como una disciplina crucial, entre otros, para la comprensión del papel de los océanos en la regulación y mitigación climática.

Históricamente ha habido una carencia de bibliografía en castellano para los estudiantes en lo referente específicamente a manuales de problemas en esta disciplina. Este manual pretende asistir al estudiante a cubrir diferentes competencias específicas, como las de describir cuantitativamente el funcionamiento de la circulación del océano, sus forzamientos y sus implicaciones climáticas, analizar e interpretar las propiedades físicas del océano de acuerdo con las teorías actuales, así como formular las ecuaciones básicas de conservación de la masa, la energía y el momento para fluidos geofísicos y resolverlas en procesos oceánicos sencillos. La temática de este manual está referida a procesos estacionarios, por lo que no incluye mareas, oleaje ni otras ondas. El principal objetivo es que, conociendo el material teórico (que ya ha sido publicado por el autor) el/la estudiante pueda desarrollar la capacidad de análisis de la información, orientada a la identificación y resolución de los problemas.

Este manual cuenta con 183 problemas, con una estructura en tres partes, de creciente autonomía del estudiante: en primer lugar una serie de problemas resueltos, orientados fundamentalmente a que el/la estudiante se familiarice tanto con las diferentes estrategias de resolución como con las conclusiones que dicha solución acarrea para la consolidación del conocimiento en la disciplina. Seguidamente, problemas en los que se dará solo la solución numérica separadamente, orientados a que adopte y aporte activamente dichas estrategias y conclusiones. Finalmente, problemas sin que se aporte siquiera dicha solución numérica, destinados a la consolidación y fortalecimiento de la información acumulada. Los problemas han sido propuestos atendiendo a la realidad experimental, ya que usarán bases de datos de campañas oceanográficas de la que extraerá la información.

Los problemas resueltos están ordenados bajo siete epígrafes según un orden lógico: dinámica atmosférica, dinámica climática, ecuaciones de conservación, dinámica ageostrófica, dinámica geostrófica, masas de agua y vorticidad. Sin embargo, tanto los problemas con y sin solución numérica están distribuidos aleatoriamente en aras de que el/la estudiante sea capaz de identificar a qué epígrafe pertenece cada problema.

ÍNDICE

CAPÍTULO 1: PROBLEMAS RESUELTOS   **1**

1.1 DINÁMICA ATMOSFÉRICA   2

1.2 DINÁMICA CLIMÁTICA   6

1.3 ECUACIONES DE CONSERVACIÓN   9

1.4 DINÁMICA AGEOSTRÓFICA   14

1.5 DINAMICA GEOSTRÓFICA   18

1.6 MASAS DE AGUA   25

1.7 VORTICIDAD   34

     RESPUESTAS A LOS PROBLEMAS   37

CAPÍTULO 2: PROBLEMAS CON SOLUCIÓN NUMÉRICA   **103**

     SOLUCIONES   127

CAPÍTULO 3:PROBLEMAS Y CUESTIONES SIN RESPUESTA   133

CAPÍTULO 1: PROBLEMAS RESUELTOS

1.1 DINÁMICA ATMOSFÉRICA

1)A) Partiendo de las ecuaciones adecuadas, obtener una expresión para la dependencia de la presión con la coordenada vertical, $p(z)$, considerando el modelo que asume que la temperatura de la atmósfera es constante e igual a la de la superficie, T_0.

B) ¿Cuál es la *escala vertical característica* de este modelo? Calcularla numéricamente para los valores T_0=273 K, R_d=288 J/(kg·K), g=9,81 m/s². ¿A qué distancia vertical típica atmosférica se parece?

C) Probar que en dicho modelo, la coordenada z a la que son iguales la presión atmosférica y la presión atmosférica media ($\bar{p}$) entre la superficie y una altura dada h viene dada por la expresión siguiente:

$$z = -\frac{R_d T_0}{g} \ln\left[\frac{R_d T_0}{gh}\left(1 - e^{\frac{-gh}{R_d T_0}}\right)\right] \qquad \text{donde} \qquad \bar{p} = \frac{\int_0^h p(z)\,dz}{\int_0^h dz}$$

D) Calcular dicha z para la troposfera completa (h=10000 m). Discutir por qué no se obtiene *exactamente* $z=h/2$=5000 m?

2) Un estudio sobre la pluviosidad diaria en la ciudad de París en los últimos 60 años revela que, si se agrupan los datos por días de la semana, se advierte un sesgo estadísticamente significativo: los sábados y domingos la precipitación media es un 20% inferior con respecto a la del resto de días de la semana. Dar una explicación de este resultado.

3) Si la columna de aire en los Polos está en promedio 40 K más fría que el ecuador, estimar qué viento (módulo y sentido) se espera que exista a 5000 m de altura en 45° de latitud (Norte y Sur) si el viento climatológico zonal en superficie a dichas latitudes es del oeste +10 m/s. T=15°C. R= 6371 km.

4) La distribución espacial de la presión superficial p en un sistema isobárico (bien sea Anticiclón o Borrasca), estacionario y circular, de radio R conocido, se corresponde con la siguiente expresión:

$$p = p_0 \cdot \left[1 \pm \frac{k}{R^2}\left(x^2 + y^2\right)\right]$$

donde P_0 es la presión (de valor conocido) en el centro del sistema (el cual se encuentra a x=0 e y=0 y a una latitud de 43,5 °N) y k es un parámetro constante positivo, de valor conocido.

A) ¿Que dimensiones tiene k? justificarlo.

B) Desdoblar el símbolo ± e identificar cada signo con Anticiclón o Borrasca, justificándolo.

C) Supongamos en lo que resta el caso de un Anticiclón. Representar un mapa aproximado de isobaras en un diagrama cartesiano.

D) A partir de las ecuaciones de la dinámica geostrófica, proponer sendas expresiones para las componentes horizontales de la velocidad geostrófica, en función de x e y (y de los parámetros y constantes expuestos anteriormente).

E) Rellenar la siguiente tabla para R=1000 km, k=9·10⁻³, P_0=1013 hPa. R_d=287,04 J·kg⁻¹·K⁻¹ T_0=15°C, ω=7,27·10-5 s⁻¹.

x	y	P	u_g	v_g	V_g	Dirección de **procedencia** del viento
km	km	hPa	m/s	m/s	m/s	
0	0					
500	500					
-500	500					
-500	-500					
500	-500					

F) ¿A qué distancia del origen está la isobara de 1010 hPa?

G) Demostrar partiendo de las expresiones obtenidas en el apartado D) que el viento geostrófico es normal al gradiente de presión horizontal.

5) Las variaciones de la presión atmosférica y de la densidad con la altura z para el caso Γ=cte son:

$$p(z) = p_0\left(1 - \frac{\Gamma z}{T_0}\right)^{\frac{g}{R_d\Gamma}} \quad ; \quad \rho(z) = \rho_0\left(1 - \frac{\Gamma z}{T_0}\right)^{\left(\frac{g}{R_d\Gamma}-1\right)} \tag{1a,b}$$

Las variaciones de la presión atmosférica y de la densidad con la altura z para el caso T=cte=T_0 son:

$$p(z) = p_0 e^{-\frac{gz}{R_d T_0}} \quad ; \quad \rho(z) = \rho_0 e^{-\frac{gz}{R_d T_0}} \tag{2a,b}$$

La variación de la presión atmosférica con la altura z para el caso ρ=cte es:

$$p(z) = p_0\left(1 - \frac{gz}{R_d T_0}\right) \tag{3}$$

A) Demostrar por análisis dimensional que los paréntesis y exponentes de [1], [2] y [3] son adimensionales.

B) Convertir las expresiones [1] en las [2] en el caso límite $\Gamma \to 0 \Rightarrow T \to cte$.

Ayuda: tomar $\ln\dfrac{p}{p_0}$ y $\ln\dfrac{\rho}{\rho_0}$, calcular los límites y aplicar la *Regla de L'Hôpital* para el caso de indeterminación del tipo $\dfrac{0}{0}$, que establece:

$$\lim_{\Gamma\to 0} \frac{F(\Gamma)}{G(\Gamma)} = \lim_{\Gamma\to 0} \frac{dF(\Gamma)/d\Gamma}{dG(\Gamma)/d\Gamma}$$

C) Convertir la expresión [2] en la presión en [3], tomando los dos primeros términos de la serie de Taylor para la función exponencial, en el entorno de z=0, de acuerdo con:

$$p(z) \cong p(0) + \left(\frac{dp(z)}{dz}\right)_{z=0} z + ...$$

6) Para un viento geostrófico soplando sobre el océano a 43,5° de latitud de $(u_g, v_g) = (10,0)m/s$ ¿qué viento real (en módulo y sentido) se espera en superficie si el coeficiente de fricción del aire sobre el océano es de $r=3,2 \cdot 10^{-5}$ s^{-1}?

7) Para la expresión más realista de la variación vertical de la densidad para la troposfera (que se extiende verticalmente desde la superficie hasta una altura $h=11000$ m), calcular su densidad media. Comparar dicha densidad media con la densidad superficial (ρ_0). ¿A qué conclusión se llega? ¿Sucede lo mismo en el océano?
Datos para la troposfera: ρ_0= 1,2 kg·m^{-3}. T_0=288°K. R_d=287 m^2·s^{-2}·K^{-1}. Γ=6,5 K·km^{-1}.
Datos para el océano: $\bar{\rho} = 1028 kg \cdot m^{-3}, \rho_0 = 1025 kg \cdot m^{-3}$
Ayuda: tabla de integrales:

$$\int (ax+b)^n dx = \frac{(ax+b)^{n+1}}{a \cdot (n+1)}$$

8) Si la temperatura de la superficie terrestre es de 15°C y el gradiente térmico vertical en la atmósfera es Γ=6,5 K/km, calcular la altura a la que la presión es un 50 % de la presión superficial. Tomar Rd=287 J/kg/K, g=9,8 m/s2.

9) En la figura adjunta se muestra la distribución meridional (eje y) y vertical (eje z) de 5 capas atmosféricas de temperatura constante en una región del hemisferio norte.

A) Explicar *climáticamente* por qué la temperatura a cualquier altura disminuye con *y*.

B) Si la presión atmosférica en superficie disminuye meridionalmente a razón de 12 hPa cada 1000 km, calcular la velocidad del viento en superficie (indicando su sentido)

C) Aplicar secuencialmente la ecuación de Margules para calcular la velocidad del viento en las capas 2 a 5, indicando su sentido. Tomar g=10 m·s^{-2} y f=10^{-4} s^{-1} y la densidad del aire superficial 1,2 kg·m^{-3}.

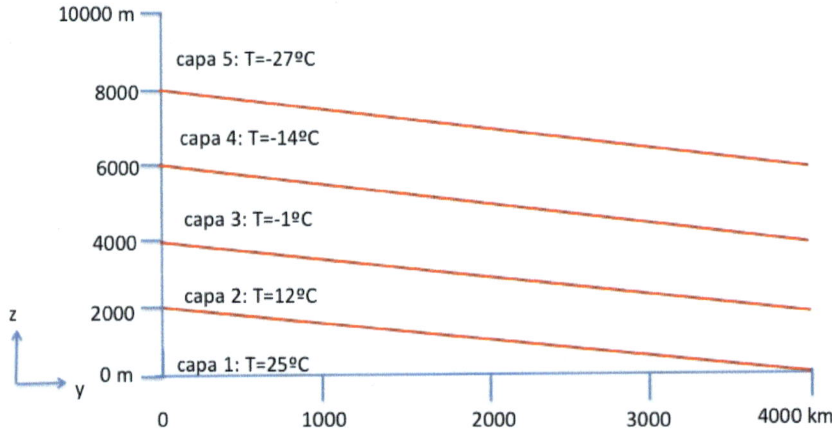

10) La cantidad de calor que la atmósfera es capaz de almacenar al calentarse una cantidad ΔT es $\delta Q(J/m^2)=M \cdot Cp \cdot \Delta T$, donde M es la masa total de la atmósfera por unidad de área y $Cp=(7/2) \cdot R_d$ es su calor específico a presión constante (se asume mezcla de gases diatómicos). Al mismo tiempo la atmósfera, al calentarse, se expande y su energía potencial (Ep) debe aumentar en una cantidad δEp. Utilizar el modelo hidrostático de temperatura constante con la altura para estimar qué porcentaje del citado almacenamiento de calor es

4

realizado por el aumento de energía potencial ($\delta Ep/\delta Q$). Ayuda: La atmósfera se calienta por igual a todas las presiones. La energía potencial de la atmósfera es:

$$Ep(J/m^2) = \int_0^\infty \rho g z \, dz .$$ Utilizar la tabla de integrales indefinidas $\int \ln\left(\frac{x}{a}\right) dx = x \ln\left(\frac{x}{a}\right) - x + cte$

1.2 DINÁMICA CLIMÁTICA

11) Utilizando el modelo climático global de equilibrio más completo (con atmósfera y ciclo hidrológico), con los valores en $W \cdot m^{-2}$ (ver figura adjunta) y para el escenario que podemos asimilar como el actual:

A) Calcular los términos T_3 y E_2.

B) Calcular las temperaturas de equilibrio de la superficie terrestre y de la atmósfera (en °C) y discutir los resultados ¿son coherentes?.

C) A partir de la situación actual, supongamos un escenario climático futuro dramático, en el que las elevadas concentraciones de gases de invernadero en la atmósfera anulen completamente tanto la transmisión de la radiación de larga longitud de onda procedente de la superficie de la tierra, como el albedo superficial (consecuencia del deshielo total). ¿Cuál sería la nueva temperatura de equilibrio de la superficie terrestre?

D) En la transición del escenario del apartado B) al C) razonar qué mecanismo restaurador del clima se pondría en marcha para intentar contrarrestar el aumento de temperatura.

Tomar $\sigma = 5{,}67 \cdot 10^{-8} \ W \cdot m^{-2} \cdot K^{-4}$.

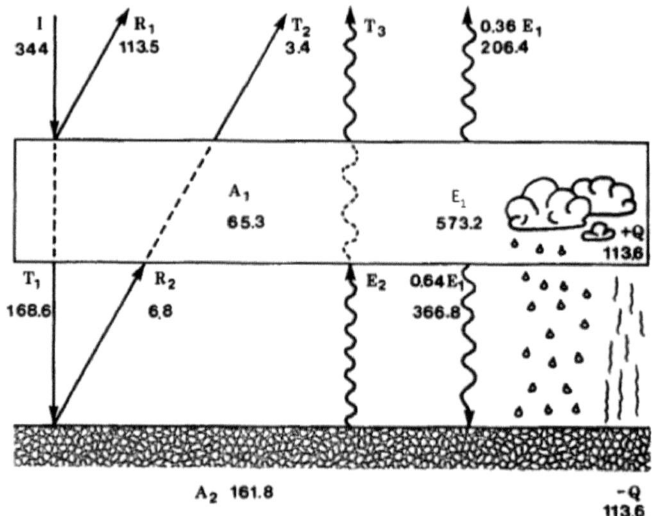

Adaptada de Cushman-Roisin, B. (1994). Introduction to geophysical fluid dynamics. Prentice Hall.

12) Consideremos el modelo climático más simple de balance de calor global (modelo 1, sin atmósfera ni ciclo hidrológico) y asumamos la siguiente dependencia del albedo con la temperatura: Para temperaturas bajas ($T \leq 250$ K) hay mucho hielo y el albedo aumenta (hasta un valor máximo de $\alpha = 0{,}5$), mientras que para temperaturas altas ($T \geq 270$ K) la ausencia de hielo hace que el albedo disminuya (hasta un valor mínimo de $\alpha = 0{,}1$). Para temperaturas intermedias ($250 \leq T \leq 270$ K) tomemos la dependencia funcional del albedo lineal con la temperatura, es decir:

$T \leq 250$ K	$\alpha = 0{,}5$
$250 \leq T \leq 270$ K	$\alpha = (275 - T)/50$
$T \geq 270$ K	$\alpha = 0{,}1$

Resolver, para cada tramo de temperatura, la temperatura de equilibrio que diagnostica el modelo 1. (I=344 W/m^2, σ=5,67·10^{-8} Wm^{-2}K^{-4}) y analizar y discutir los resultados en los siguiente términos: ¿Son soluciones aceptables? ¿Son soluciones *estables*?

Nota: *estable* en este caso significa que una pequeña perturbación en la temperatura de equilibrio no afecta al albedo, por lo que el sistema climático tenderá a equilibrarse sin cambiar su albedo. Por el contrario *inestable* significa que una pequeña perturbación en la temperatura de equilibrio sí afecta al albedo, por lo que el sistema no puede evolucionar hacia el estado inicial y se separará de él indefinidamente.

Ayuda: La ecuación de cuarto grado $ax^4-x+b=0$, conocidos los coeficientes a y b, es bastante complicada de resolver analíticamente. Sin embargo, se puede convertir en una *ecuación trascendente* y resolverla por iteraciones, haciendo:

$$x= ax^4+b.$$

El procedimiento para su resolución es como sigue:

Partiendo de un valor inicial (que debe ser realista) de x, podemos calcular la parte derecha de la expresión anterior. Si dicho cálculo nos da precisamente el valor de x que hemos introducido, esa x es precisamente la solución buscada. Si no es así, introducimos la nueva x obtenida en la parte derecha hasta que se produzca la convergencia: se debe repetir (iterar) el cálculo hasta que el valor que hemos introducido sea igual al valor obtenido, y dicho valor será la solución buscada de la ecuación.

13) El día 1 de junio de 2016 se recibió en Vigo (42ºN), según medidas de su observatorio meteorológico, una insolación de 246 W/m^2. Estimar el % de radiación que se ha perdido con respecto a la radiación solar extraterrestre. S=1367 W/m^2.

14) Consideremos un invernadero de vidrio (figura izda), al que llega una radiación externa de corta longitud de onda I constante. El sistema actúa conforme a las siguiente reglas:

-El suelo y el vidrio actúan como cuerpos negros.
-El aire no juega ningún papel.
-El suelo absorbe toda la radiación de corta longitud de onda.
-El vidrio es perfectamente transparente a la radiación de corta longitud de onda y totalmente opaco a la radiación de longitud de onda larga.
-El vidrio emite radiación hacia arriba y hacia abajo a partes iguales.

A) ¿Cuál es la relación entre la temperatura del interior y la temperatura del exterior del invernadero una vez alcanzado el equilibrio?

B) Si metemos dentro del invernadero un recipiente lleno de agua líquida (figura dcha.) y dejamos que se alcance el equilibrio, la relación anterior ¿aumentaría o disminuiría? Razonar la respuesta.

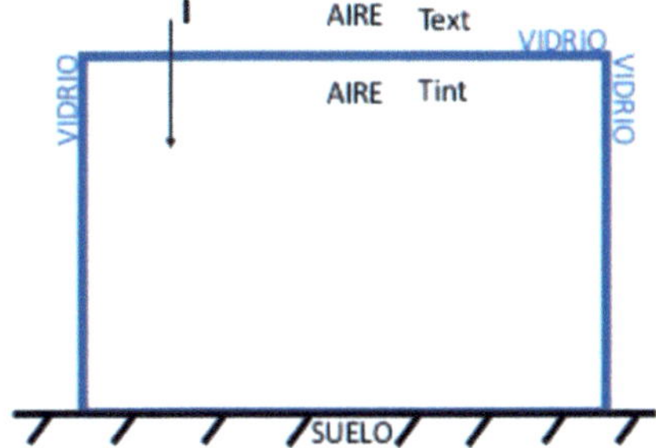

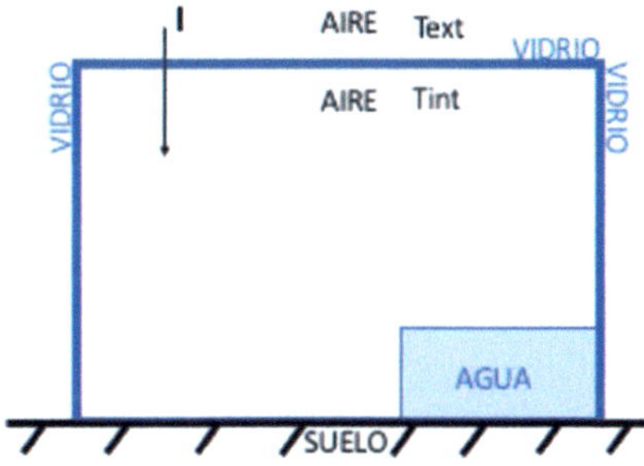

15) La figura adjunta muestra un mapa de la distribución de la presión atmosférica superficial (promediada durante 6 meses) en la zona de la península de la India. Se representan las isobaras cada 2 hPa. Para estimar el viento real sobre el océano, se estima que el coeficiente de fricción es $r_{oce} \sim 1 \cdot 10^{-5}$ s^{-1}, mientras que sobre la zona continental es $r_{con} \sim 3 \cdot 10^{-5}$ s^{-1}. Densidad del aire=1,2 kg/m^3. R$_{Tierra}$=6370 km.

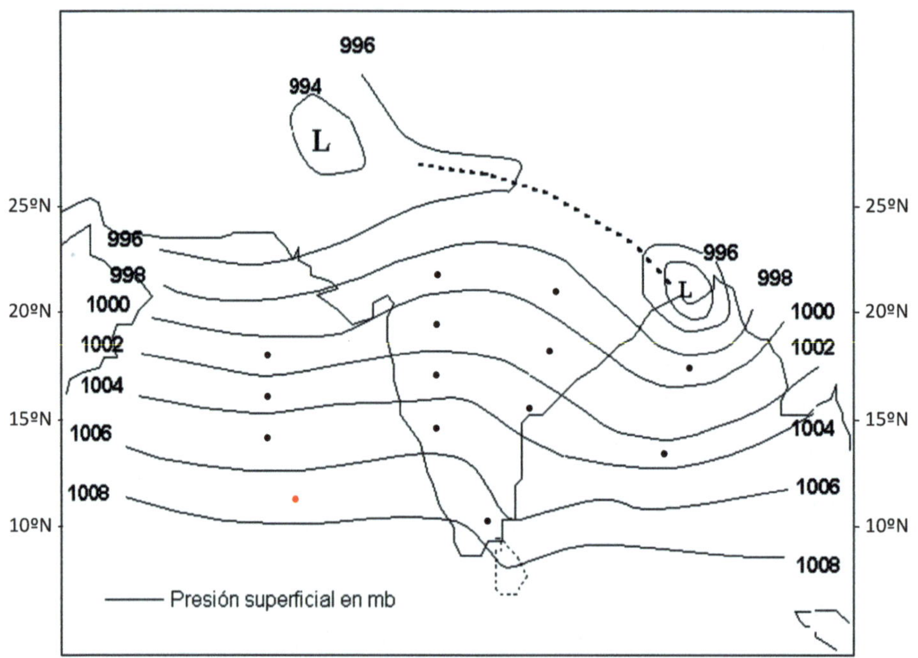

Adaptada de Hamilton, M.G. (1987). Monsoons – an introduction. Weather 42 (6), 186–193.
https:// doi.org/10.1002/j.1477-8696.1987.tb04884.x.

A) Razonar por qué $r_{con} > r_{oce}$.

B) En el punto rojo, dar módulo (en m/s) y procedencia del viento superficial real, y representarlo junto con las aceleraciones que intervienen.

C) En los **puntos negros**, representar el viento superficial real.

D) A la vista de la distribución de los vientos obtenidos ¿qué situación esta ocurriendo? Razonar la respuesta.

1.3 ECUACIONES DE CONSERVACIÓN

16) El *Mar Negro* es una cuenca de área $4,6\cdot10^5$ km^2 y volumen $5,4\cdot10^5$ km^3 conectada al *Mar Mediterráneo*. Su principal aporte de agua dulce proviene del *Río Danubio*, con un caudal medio actualmente de R=320 km$^3\cdot$año^{-1}. La precipitación media anual sobre el *Mar Negro* supone L=230 km$^3\cdot$año^{-1}, mientras que la tasa media de evaporación es de E=350 km$^3\cdot$año^{-1}. Según estos datos climatológicos:

A) Calcular el balance medio anual de agua dulce (B) en el Mar Negro en km$^3\cdot$año^{-1}. Justificar el comportamiento del *Mar Negro* a efectos de circulación bicapa.

Los citados intercambios de agua dulce por superficie se equilibran con intercambios horizontales con el *Mar Mediterráneo* a través del *Estrecho del Bósforo,* donde la capa superior (de profundidad 100 m) tiene unas características medias de S$_1$=18,0 ‰ y la inferior (de profundidad mayor de 100 m) de S$_2$=36,0 ‰.

B) Proponer sendas ecuaciones para los balances globales de agua dulce y de sal en el Mar Negro, aplicados en el *Estrecho del Bósforo*. Justificar las hipótesis que se pudieran haber hecho para llegar a dichas expresiones.

C) Resolver dichas ecuaciones, de forma que se obtengan sendas expresiones en las cuales queden despejados los caudales entrante y saliente.

D) Calcular ambos caudales, expresándolos en km$^3\cdot$año^{-1}.

E) Calcular el tiempo medio de renovación del Mar Negro, en años.

F) Recientes estudios prevén que a finales de este siglo el caudal del *Río Danubio* se verá reducido hasta poseer sólo un 59,4% del actual, debido a la utilización del agua para actividades humanas. Suponiendo que este cambio no va a afectar significativamente al resto de intercambios ni a las propiedades físicas del agua, justificar cuantitativamente cuál de las dos situaciones (la actual o la futura) se producirá una mayor degradación ambiental (contaminación, proliferación de especies, anoxia…).

17) Los intercambios medios de agua dulce en el Mar Mediterráneo (que cubre un área superficial $A=2,51\cdot10^6$ km^2 y un volumen $V=3,72\cdot10^6$ km^3) son: P=450 mm/año; E=1250 mm/año; y la suma de todos los aportes fluviales es R=200 mm/año.

A) Calcular el balance hidrológico del Mediterráneo (B) en mm/año y en Sv. Según el signo de B, ¿qué se puede adelantar sobre su circulación bicapa (2D) de larga escala?

El *Estrecho de Gibraltar* (latitud λ=35° N, anchura $\Delta y = 12$ km, profundidad H=700 m), las capas superior e inferior pueden considerarse homogéneas, con la densidad media de la capa inferior 0,15% mayor que la de la capa superior. La interfase de separación de ambas capas tiene una profundidad de 170 m en la costa europea, y de 230 m en la costa africana.

B) Combinando las ecuaciones de viento térmico y continuidad, calcular las velocidades de intercambio de ambas capas (en cm/s). Aproximar la sección superior a un rectángulo y la inferior a un triángulo.

C) Calcular los caudales de intercambio en ambas capas en Sv.

D) Calcular el tiempo de renovación del Mar Mediterráneo (en años).

E) La temperatura media de la capa inferior es de 13,0°C y la de la capa superior es de 15,5°C ¿Está entrando o saliendo calor por el Estrecho de Gibraltar?. Estimar dicho intercambio de calor en W/m^2. Datos: calor específico del agua de mar 4180 J/(kg K). Densidad media del agua de mar 1028 kg/m^3.

18) Los perfiles verticales de temperatura media registrados en los primeros 100 m de columna de agua en los meses de marzo a septiembre en una estación a 55ºN son:

Profundidad	T marzo	T mayo	T julio	T septiembre
m	ºC	ºC	ºC	ºC
0	4,5	6,7	12,0	14,0
20	4,5	6,7	11,6	13,4
40	4,5	6,5	8,2	8,6
60	4,5	5,0	5,2	5,5
80	4,5	4,6	4,6	4,7
100	4,5	4,5	4,5	4,5

A) Representar los perfiles verticales ¿Qué fenómeno se está produciendo?

B) Estimar las ganancias totales de energía de la columna de agua (en W/m^2) durante los períodos bimensuales marzo-mayo, mayo-julio y julio-septiembre. Compararlos entre sí y realizar las conclusiones oportunas. Tomar constantes el calor específico (C_p=4180 J/kg/K) y la densidad media (ρ_0 =1025 kg/m^3).

19) La figura adjunta muestra una representación esquemática de los intercambios atmosféricos y oceánicos en las cuencas Atlántica y Ártica, tomadas conjuntamente, causados por la circulación termohalina, el llamado ***Bucle Atlántico de Circulación Meridional*** (*AMOC* por sus siglas en inglés). Este bucle describe una región muy importante de la cinta transportadora: la formación del APNA (Agua Profunda NorAtlantica). La *rama caliente* del *Bucle* (con una temperatura media T_1) entra por superficie en el Atlántico procedente de otros océanos, el agua superficial es transportada netamente hacia el norte por el sistema de corrientes superficiales, y al llegar a los Mares Nórdicos se hunde en invierno formando el APNA, saliendo finalmente del Atlantico en profundidad, constituyendo la *rama fría* (de temperatura media T_2), que se exporta a otros océanos.

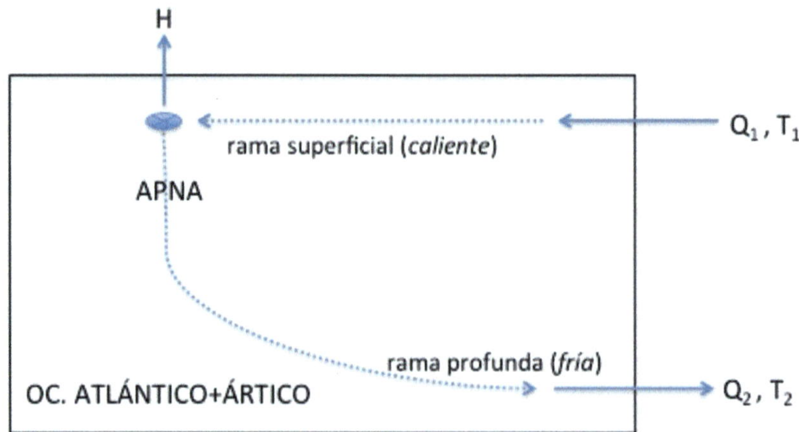

Consideraremos por simplicidad que el sistema Atlantico+Ártico está <u>cerrado a intercambios de masa</u> tanto por su parte norte como por el intercambio superficial con la atmósfera. En otras palabras, los intercambios tanto a través el Estrecho de Bering como el debido al balance de E-L-R en el Atlantico+Ártico son ambos muy poco significativos (menos de 1 Sv cada uno) con respecto a los caudales que atravieran la capa superior (Q_1, modo caliente) y la capa inferior (Q_2, modo frío, del orden de 20 Sv ambos) y no se han tenido en cuenta por su poca relevancia. Sin embargo, lo que no es despreciable es el intercambio de calor con la atmósfera a través de la capa superficial (*H*).

A) Cuantificar el calor cedido a la atmósfera (H), en vatios, con los siguientes datos. Temperatura promedio del APNA T_2=3ºC. Temperatura promedio de la rama caliente: T_1=10ºC. Calor específico del agua de mar: C_{sw}=4180 J·kg^{-1}·ºC^{-1}. Densidad del agua de mar: ρ_{sw}=1025 kg·m^{-3} . Caudal de formación del APNA: Q_2=20 Sv.

B) Asumamos que todo ese calor cedido como resultado de la formación del APNA cada invierno, se redistribuye de manera uniforme tanto horizontal como verticalmente por toda la troposfera. Estimar el exceso de temperatura que experimenta la troposfera cada invierno (en K) debido a la contribución de H, sobre el que tendría si la formación del APNA no tuviera lugar. Tomar una altura media de la troposfera de h=11 km. Calor específico del aire: C_{aire}=1005 J·kg^{-1}·ºC^{-1} La densidad media de la troposfera tomarla del problema anterior.

C) Discutir las implicaciones de la estimación anterior para el clima invernal de Europa.

20) La tabla siguiente muestra el perfil vertical de salinidad medio a lo largo de una sección perpendicular al eje principal de un estuario:

D(m)	S(USP)	D(m)	S(USP)
0	32,000	16	35,369
1	32,002	17	35,483
2	32,009	18	35,568
3	32,012	19	35,587
4	32,018	20	35,689
5	32,025	21	35,705
6	32,112	22	35,710
7	32,340	23	35,723
8	32,569	24	35,726
9	32,698	25	35,730
10	33,431	26	35,742
11	33,689	27	35,746
12	34,025	28	35,748
13	34,689	29	35,750
14	34,986	30	35,753
15	35,258		

A) Calcular la profundidad de la máxima haloclina.

B) Si el caudal del río en el interior del estuario es de R=100 m^3/s, determinar los caudales de los niveles superior e inferior debidos a la circulación estuárica.

21) Sabemos que la convección invernal está forzada por un incremento en la densidad en la superficie oceánica, causado principalmente por pérdida de calor del océano y por tanto asociado a un descenso de temperatura superficial. La figura adjunta muestra en color azul la temperatura a la que el agua de mar adquiere su densidad máxima en función de la salinidad. El agua pura (S=0) adquiere su densidad máxima a 3,98 ºC y al aumentar la salinidad, la temperatura a la que el agua de mar adquiere su densidad máxima va disminuyendo linealmente. En color rojo se muestra la temperatura de congelación del agua de mar. El agua pura (S=0) se congela a 0 ºC y al aumentar la salinidad, la temperatura de congelación también va disminuyendo linealmente. Las dos rectas se cruzan a S=24,65 USP. Con referencia al comienzo de los procesos convectivos superficiales, ¿qué ocurre a salinidades mayores? ¿Qué ocurre a salinidades menores? Razonar las respuestas.

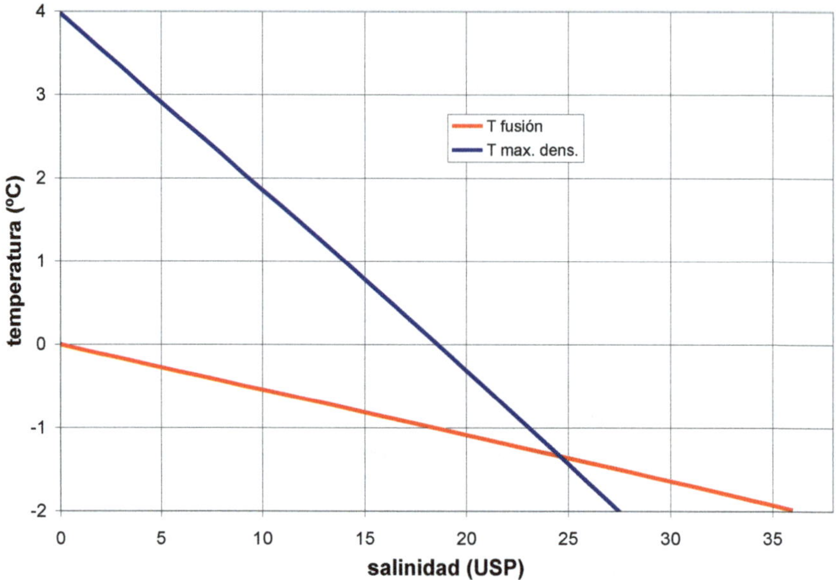

22) A partir de las consideraciones efectuadas en el problema anterior, y extrayendo los datos necesarios de la gráfica adjunta, resolver el siguiente problema: Una columna de agua de 1 m² de sección horizontal y 1 m de altura se enfría por la superficie desde 3°C a 0°C y posteriormente se forma una capa de hielo de 1 cm de espesor, cuya temperatura final es de la de su punto de congelación. Calcular la pérdida total de energía (en kJ) que sufrió la columna de agua si está compuesta de:

A) Agua dulce

B) Agua de mar de S= 35 USP.

C) Discutir las diferencias.

Tomar la densidad del agua dulce ρ_w=1000 kg/m³, densidad del agua de mar ρ_{sw}=1025 kg/m³. Densidad del hielo "dulce" ρ_{hw}=917 kg/m³ y densidad del hielo marino ρ_{hw}=924 kg/m³. Tomar en ambos casos el calor específico del agua (dulce o marina) C_p=4,18 kJ/(kg·K) y el calor latente del hielo (dulce o marino) C_h=334·kJ/kg.

23) Si los primeros 100 m de columna de agua se calientan 5°C durante los tres meses de verano ¿Cuál es el flujo de energía (expresado en W/m²) que ha absorbido el océano? Tomar Cp_{oce}=4180 J/(kg·K), $\rho_{oce} = 1025 kg m^{-3}$. Si durante el mismo tiempo la atmosfera se calienta 20°C ¿Cuál es el flujo de energía (expresado en W/m²) que ha absorbido la atmósfera? Tomar Cp_{atm}=1005 J/(kg·K), p_0=1013 hPa, g=9,81 ms⁻².

24) La figura adjunta muestra la variación anual de la Tª oceánica, en superficie y a 500 m de profundidad, en una latitud media y en océano abierto.

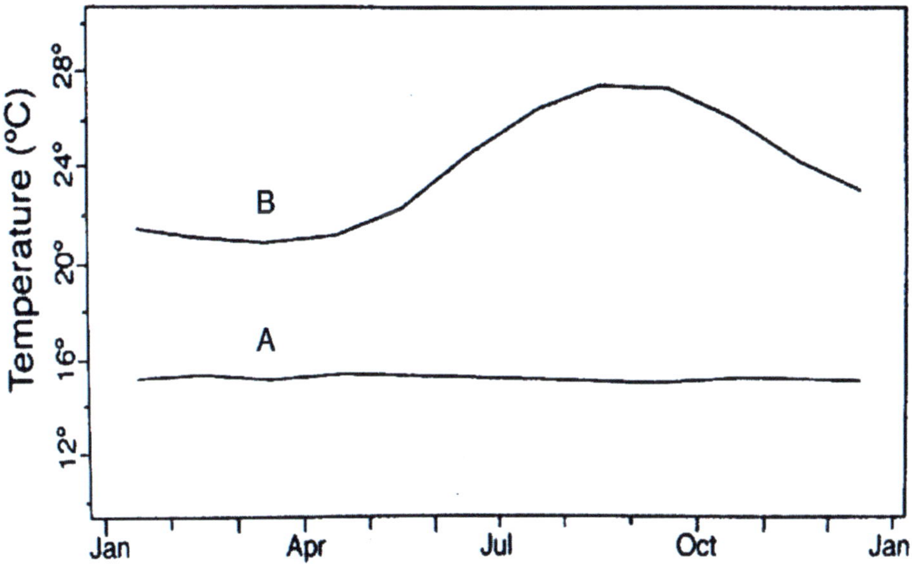

A) Dar al menos dos razones para justificar qué serie temporal se corresponde con cada profundidad.

B) Marcar los momentos de menor y mayor gradiente vertical de Tª y calcularlos (en SI). ¿qué proceso oceanográfico se está produciendo entre ambos momentos?

C) Estimar el calor acumulado a la columna de agua (en $W \cdot m^{-2}$) entre los dos momentos elegidos en el apartado anterior. Ayuda: utilizar la regla de los trapecios con intervalos de 1 mes, indicándolos en la figura.

D) Comparar el valor obtenido en el apartado anterior con el valor conocido de la constante solar. ¿Qué conclusión se desprende de dicha comparación?.

Densidad de referencia: $1025 \ kg \cdot m^{-3}$. Calor específico: $4180 \ J \cdot kg^{-1} \cdot K^{-1}$.

1.4 DINÁMICA AGEOSTRÓFICA

25) La figura adjunta muestra la distribución de presión atmosférica al nivel del mar (isobaras en hPa) sobre una región de océano abierto. Admitiendo que la situación es estacionaria, para ambos puntos 1 (35ºN, 24ºW) y 2 (35ºN, 20ºW) de la figura

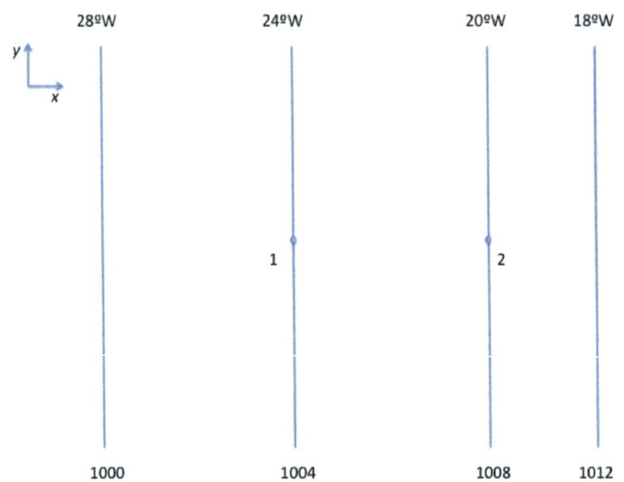

A) Componentes y sentido del viento geostrófico (en m/s).

B) Componentes y sentido de la tensión del viento (en Pa).

C) Componentes y sentido de la corriente superficial (en cm/s).

D) Componentes y sentido del transporte de Ekman (en $m^2 \cdot s^{-1}$): dar una interpretación física de los resultados.

E) Modulo y sentido de la velocidad vertical (m/día) entre 1 y 2: dar una interpretación física del resultado.

Representar todos los vectores de los apartados anteriores en la figura.
Datos: Densidad aire: 1,2 kg/m^3. Sigma-t: 22. Coeficiente de arrastre: 0,0014. Coeficiente de viscosidad turbulenta K=0,02 m^2/s.

26) Un viento constante, del norte y de 8,5 m/s de módulo, sopla sobre toda la plataforma costera Ibérica, desde Cabo Finisterre (43ºN) hasta Cabo San Vicente (35ºN).

A) Módulo (en Pa), dirección y sentido de la tensión del viento.

B) Módulo (en Sv), dirección y sentido del transporte oceánico de Ekman a lo largo de toda la costa ibérica.

C) ¿Qué fenómeno oceanográfico está ocurriendo? Consecuencias.

27) A lo largo del Océano Pacífico, entre las latitudes de 27 y 37°S y en una extensión zonal de 8000 km, sopla un viento zonal medio, de módulo y dirección W_x= -5 m·s^{-1}. Justo en 37°S W_x=0. Entre 37 y 47°S y con una anchura de océano de 10000 km sopla un viento también de componente zonal de W_x= +5 m·s^{-1}.

A) El valor de la tensión del viento en las zonas [27-37) y (37-47], en unidades S.I. Justificar en ambos casos su dirección y sentido. Identificarlos con cinturones de vientos reales.

B) El valor del transporte de Ekman asociado a las zonas [27-37) y (37-47] (en m^2/s y en Sv). Justifíquese en ambos casos su dirección y sentido. Interpretar físicamente los resultados obtenidos. NOTA: Para cada zona, tomar como latitud representativa la del promedio de los extremos.

C) El valor de la velocidad vertical media entre 32 y 42 °S (en m/año). Justificar su dirección y sentido. Interpretar físicamente los resultados obtenidos. ¿Son coherentes con el apartado B? Datos: Radio de la Tierra: 6371 km. Coefic. de arrastre: Cd=0,0014. Densidad del aire 1,2 kg m^{-3}. Sigma-t= 25,0.

28) Un viento constante del sur con una velocidad de 10 m·s^{-1} sopla sobre la superficie del océano en 30°N. Calcular:

A) La tensión del viento (N/m^2).

B) La profundidad de la capa de Ekman (D_E, en m).

C) Las componentes y el módulo (en cm/s) y sentido de la corriente en los siguientes niveles:

i) z=0; ii) z=-D$_E$/4; iii) z=-D$_E$/2; iv) z=-3·D$_E$/4; v) z=-D$_E$

Representar los vectores en la vertical.

D) Con los datos del apartado anterior, calcular las componentes del transporte por integración gráfica (regla de los trapecios) y comparar los resultados numérico con los dados por la teoría Ekman. Discutir los resultados,

E) Por el teorema del valor medio la corriente zonal media en la capa de Ekman es:

$$\bar{u} = \frac{\displaystyle\int_{-D_E}^{0} u(z)\,dz}{\displaystyle\int_{-D_E}^{0} dz}$$

Comparar la corriente zonal media con la corriente zonal en la profundidad media de Ekman $u(-D_E/2)$. ¿Son iguales? Discutir los resultados.

Datos: Densidad aire: 1,22 kg/m^3. Sigma-t: 24. Coeficiente de arrastre: 0,0015. Coeficiente de viscosidad turbulento 0,022 m^2/s.

29) Comprobar que la solución de Ekman:

$$u = V_0\, e^{\frac{\pi z}{D_E}} \cos\left(\frac{\pi z}{D_E} + \frac{\pi}{4}\right) \quad \text{cumple la ecuación diferencial} \quad \frac{\partial^4 u}{\partial z^4} + 4\left(\frac{\pi}{D_E}\right)^4 u = 0.$$

30) La tabla adjunta muestra la variación latitudinal en la región cercana al ecuador geográfico de los vientos climatológicos zonales en el Océano Pacífico. Admitiendo que la componente meridional del vientos es despreciable, diagnosticar por el bombeo de Ekman qué fenómeno oceanográfico ocurre en cada una de las las latitudes intermedias (0°, 5°N y 10°N). Datos: Coeficiente de arrastre: 0,0014. Densidad del aire 1,2 kg/m^3. Tomar para el factor de Coriolis de todas las latitudes el de la latitud media de la región (5°N).

Latitud	W_x
grados	(m/s)
-3	-5,0
3	-5,0
7	-4,0
13	-5,0

31) Un correntímetro fondeado en océano abierto a 100 m de profundidad registra durante 5 horas y media los siguientes datos de corriente en forma polar a intervalos de 10 minutos. El ángulo polar (θ) está medido desde el Norte en sentido horario.

tiempo		velocidad		tiempo		velocidad	
hora	min	ángulo, θ	módulo, V	hora	min	ángulo, θ	módulo, V
		(grados)	(cm/s)			(grados)	(cm/s)
0	0	43	5,48	2	50	24	13,92
0	10	2	4,85	3	0	25	15,48
0	20	44	6,10	3	10	30	15,80
0	30	37	7,67	3	20	32	13,92
0	40	30	8,60	3	30	19	14,86
0	50	17	8,60	3	40	15	14,55
1	0	52	7,67	3	50	331	9,23
1	10	41	10,48	4	0	34	12,04
1	20	44	11,11	4	10	19	14,86
1	30	352	9,23	4	20	7	16,42
1	40	46	12,36	4	30	10	16,74
1	50	14	11,73	4	40	29	15,48
2	0	50	10,17	4	50	27	16,42
2	10	8	13,30	5	0	23	16,42
2	20	49	11,11	5	10	28	15,48
2	30	16	15,17	5	20	30	11,73
2	40	45	14,23	5	30	42	5,79

A) Asumiendo que la corriente a distancias pequeñas (pongamos, en un entorno de varios km *a la redonda*) del sistema de medida es la misma que la que registra el propio correntímetro, representar en un diagrama cartesiano (*x,y, ambos en km*) la trayectoria (o *vector progresivo*) de una partícula virtual que se mueve en el seno de la corriente, que parte inicialmente del punto (0,0). Realizar el ejercicio con hoja de cálculo.

B) Al final del perído de estudio ¿A qué distancia se encuentra la partícula del origen?¿Qué longitud total ha recorrido la partícula?

32)A) Demostrar por análisis dimensional que en la ecuación empírica que gobierna la transferencia de momento del viento al océano a través de la tensión del viento (τ), el coeficiente de arrastre Cd es adimensional.

B) Demostrar, tambien por análisis dimensional, que la expresión para la velocidad típica de la corriente superficial (u*) debida a la fricción en función de la tensión del viento (τ) y de la densidad del agua (ρ0) es:

$$u^* = k\sqrt{\frac{\tau}{\rho_0}}$$

, donde k es una constante adimensional.

16

C) Tomando k=1 ¿Cuál será el valor típico de dicha velocidad de la corriente superficial debida a la fricción para un viento típico de 8 m/s y un coeficiente de arrastre de 0,0014? (densidades del aire ρa=1,2 kg/m3, y del agua $\rho 0 \approx$1000 kg/m3).

D) ¿Cuál es la relación típica u*/W para las condiciones anteriores?

1.5 DINAMICA GEOSTRÓFICA

33) El muestreo de dos estaciones oceanográficas cercanas situadas frente al Cabo Hatteras rinde los siguientes valores de sigma-t (en kg/m^3)

LATITUD (°N)	35,5	35,2
LONGITUD (°W)	75,0	74,6
PROFUNDIDAD (m)	**ESTACIÓN A**	**ESTACIÓN B**
0	25,00	24,00
250	25,75	25,00
500	26,50	26,00
750	27,25	27,00
1000	28,00	28,00

A) Razonar qué estación tiene un perfil más estable.

B) Representar el perfil vertical de velocidades (en m/s) para las 5 profundidades dadas. Enunciar todas las hipótesis que se han hecho para llegar a dicho resultado.

C) Calcular la diferencia de alturas que adquiere la isobara superficial (en cm). ¿Es coherente el resultado con el sentido de la corriente muestreada?
D) Calcular el transporte total de la corriente entre ambas estaciones, en Sv.

Tomar g=9,81 m/s^2; ρ_0=1025 kg/m^3. R_{tierra}=6371 km.

34) La figura adjunta muestra un mapa de topografía dinámica superficial en una región del NW del Océano Pacífico (Corriente Kuroshio) frente a la Costa de Japón. Las líneas indican las elevaciones, en $m^2 \cdot s^{-2}$, de la superficie del mar, dibujadas cada 3 $m^2 \cdot s^{-2}$, con respecto a un nivel de referencia apropiado.

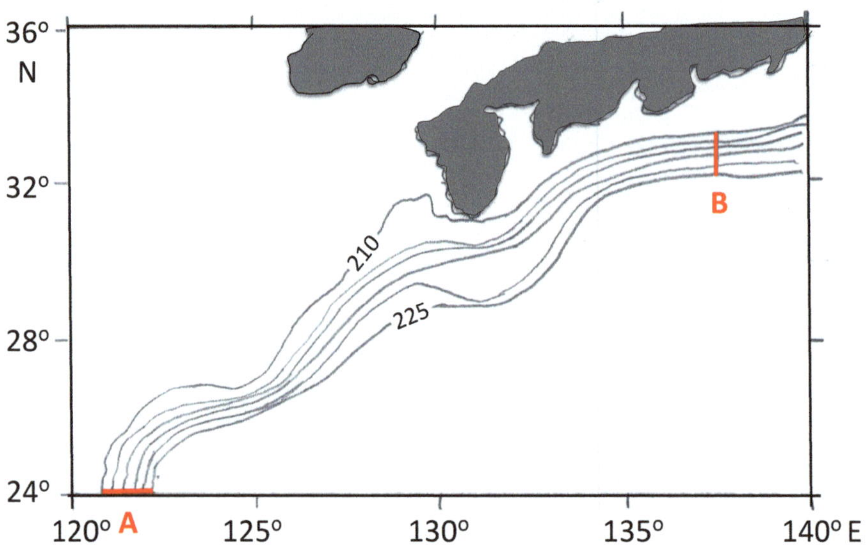

A) Justificar el sentido de las líneas de corriente geostrófica.

B) Calcular la velocidad (en m/s) en las secciones A y B (R=6371 km).

C) Trazar en la figura una sección completa (entre 210 y 225 $m^2 \cdot s^{-2}$) a través de la corriente donde la ésta alcance su menor velocidad, estimándola en función de las obtenidas en el apartado anterior.

35) La figura adjunta muestra la distribución latitudinal (entre 35 y 65°S) de las alturas dinámicas (expresadas en dm dinámicos o $m^2 \cdot s^{-2}$) de las isobaras de 0 a 4000 dbar, cada 500 dbar.

A) Estimar el módulo (en cm/s), dirección y sentido de la corriente geostrófica en donde alcance su valor máximo en toda la sección, para 0, 500 y 1000 m de profundidad.

B) Qué corriente estamos observando?

C) ¿Qué tipo de distribución de la corriente estamos observando entre 0 y 1000 m? Justificar la respuesta.

D) Calcular la vorticidad relativa superficial por comparación entre la velocidad de la corriente obtenida en **A)** y la que existe entre 46 y 51°S. Compararla con la vorticidad planetaria ¿Qué se deduce del resultado?

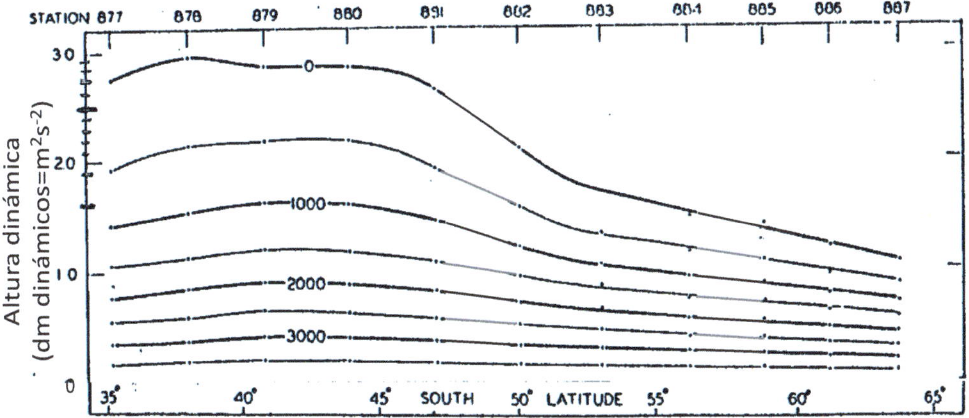

Adaptada de Sverdrup, H.U., Johnson, M.W.and Fleming, R.H. (1942). The oceans. Their physics, chemistry and general biology. First edition. Prentice-Hall. New York, 1087 pp.

36) La siguiente tabla da los perfiles de sigma-t obtenidos en dos estaciones oceanográficas situadas en el seno de una corriente global. Se dan también sus coordenadas geográficas.

Estación	A	B
Longitud	73,75° W	73,48° W
Latitud	36,30° N	36,30° N
Prof. (m)	sigma-t A (kg/m^3)	sigma-t B (kg/m^3)
0	23,949	23,646
200	26,828	26,343
400	27,292	26,460
600	27,627	27,077
800	27,699	27,362
1000	27,760	27,711

A) Representar de forma aproximada en la vertical (entre 0 y 1000 m) la forma de las isopicnas de valores de sigma-t 24, 25, 26 y 27 entre las estaciones A y B. Sobre ella, comentar el tipo de disposición que se observa en la vertical.

B) De las dos estaciones y considerando únicamente tramos de 200 en 200 metros, ¿cuál es el tramo de mayor y de menor estabilidad? Demostrarlo cuantitativamente. ¿Hay algún tramo inestable? Justificarlo.

C) Tomando como profundidad de referencia 1000 m, calcular los módulos de las velocidades geostróficas cada 200 m de profundidad (en m/s).

D) Calcular la elevación de las isobara superficial (en cm) y justificar el sentido de la corriente superficial. ¿De que corriente se trata?

37) La figura representa un mapa de topografía dinámica de la zona occidental gallega frente a las *Rías Baixas*, obtenido en mayo de 1997. Las líneas están expresadas en $m^2 \cdot s^{-2}$, con respecto al nivel de referencia de 300 dbar.

A) Poner flechas de corriente geostrófica (una flecha por línea), justificando su dirección y sentido.

B) Describir el proceso oceanográfico que existe en la zona más cercana a la costa que sea compatible con la situación del mapa, representando en el mapa las magnitudes que ayuden a describirla. ¿Qué tipo de circulación estuárica se esperaría en las *Rías Baixas*?

C) Módulo dirección y sentido de la corriente entre las estaciones A1 y A2.
R=6371 km.

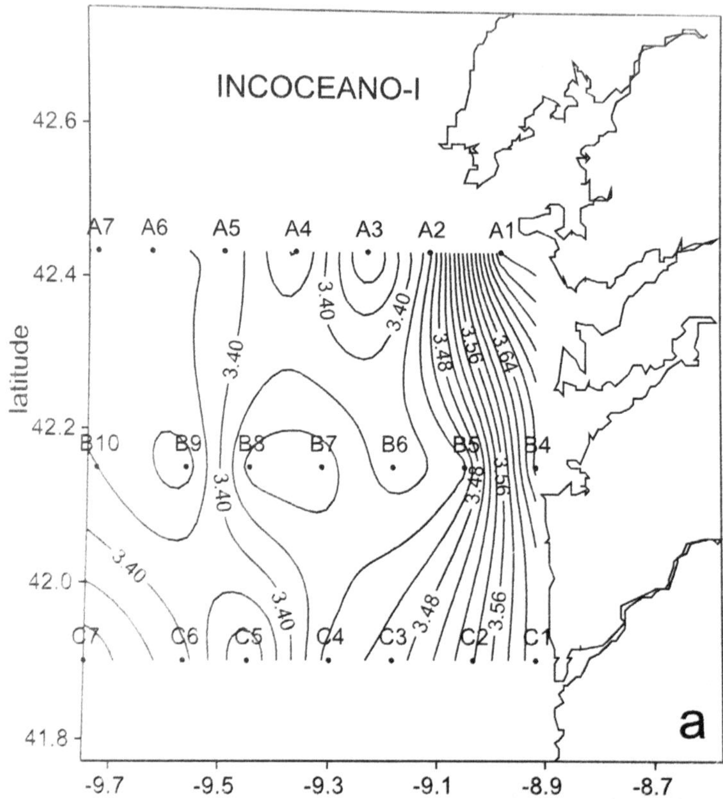

Tomada de Míguez, B.M., Varela, R.A., Rosón, G., Souto, C., Cabanas J.M. and Fariña-Busto, L. (2005). Physical and biogeochemical fluxes in shelf waters of the NW Iberian upwelling system. Hydrography and dynamics. Journal of Marine Systems, 54 (4), 127-138.

38) La figura adjunta muestra un mapa de topografía dinámica superficial cercana a la costa gallega, referida al nivel de 730 dbar, obtenida durante la Campaña Oceanográfica *Galicia II*, (verano de 1975). Las alturas están en centímetros dinámicos.

A) Realizar una representación esquemática de la sección A en profundidad, indicando la distribución de las alturas dinámicas a lo largo de la sección.

B) Modulo y sentido de la corriente superficial en la sección A.

C) Justificar el proceso oceanográfico que está ocurriendo en la costa gallega.

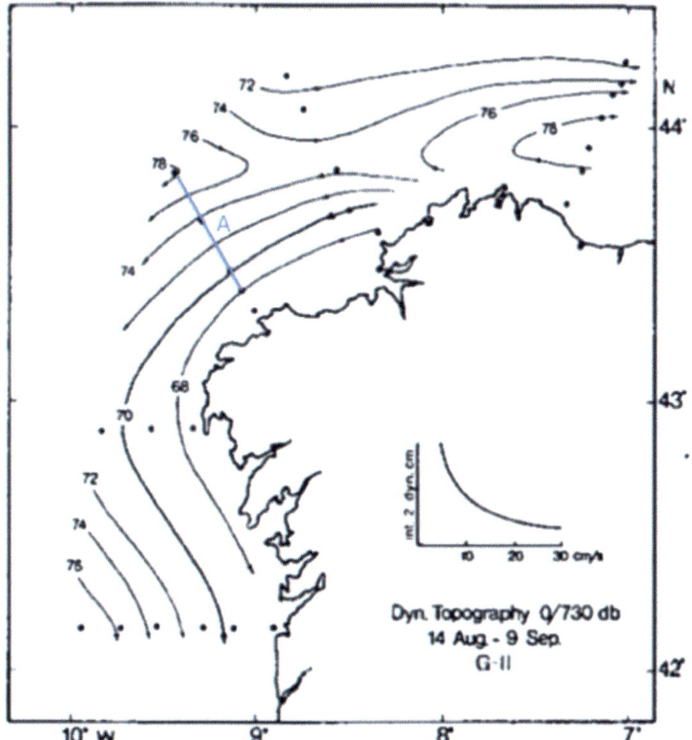

Tomada de Fraga, F. (1977). Hidrografía de la región de afloramiento de la costa de Galicia. II. Datos básicos de la campaña GALICIA II. https://digital.csic.es/handle/10261/90249

39) Medidas satelitales de las anomalías de la altura de la superficie libre del océano en el seno de un remolino oceánico de mesoescala, centrado en 32°N encuentran la siguiente distribución radial:

$$h(r) = h_0 \left(1 - e^{-r^2/R^2}\right)$$

Donde r $(0 \leq r \leq R;\ r^2=x^2+y^2)$ es la distancia radial medida desde el centro del sistema (donde $r=0$) hasta la periferia (donde $r=R$) y h_0 =1,582 m y R=150 km son constantes.

A) ¿Qué forma geométrica tienen las isolíneas de altura?

B) Determinar la estructura radial de la corriente geostrófica. Encontrar sus valores en los extremos del dominio ($r=0$ y $r=R$). Asumir constante el parámetro de Coriolis en todo el dominio; g=9,81 m/s^2.

C) Encontrar el valor máximo de la corriente geostrófica y a qué distancia del centro se encuentra.

D) Determinar la estructura radial de la vorticidad relativa y calcularla para $r=0$, $r=R$.

40) Para la configuración isopícnica de la figura encontrada en el Atlántico Norte entre 45 y 55ºN, se observa que la pendiente de las isopicnas disminuye linealmente con la profundidad, siendo máxima en la superficie ($z=0$) y nula en $z=-1000$ m, es decir:

$$\frac{\partial \rho}{\partial y} = \left(\frac{\partial \rho}{\partial y}\right)_0 \left(1 - \frac{z}{z_{ref}}\right)$$

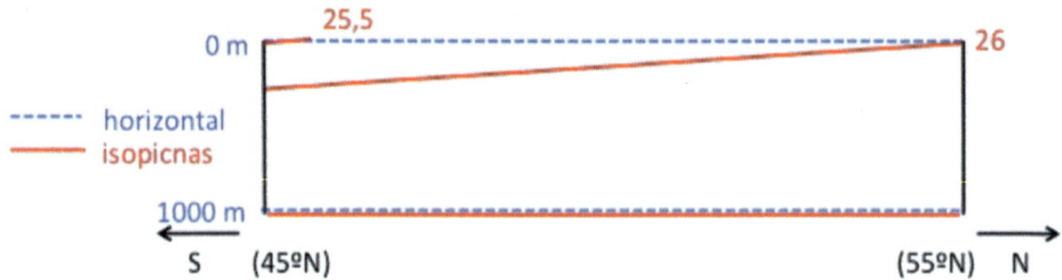

A) ¿Es coherente la configuración de la figura desde el punto de vista climático? Razonar la respuesta.

B) Integrar la ecuación del viento térmico y calcular el módulo y sentido de la velocidad en superficie. ¿Con qué corriente global la podemos asociar? ($\rho_0 = 1025 kg/m^3; R = 6370 km$).

41) En el Golfo de Alaska (situado a 57ºN, 144ºW en el Pacífico Noreste) se produce el abrupto encuentro de las aguas dulces procedentes del deshielo de los glaciares (a la izquierda) con agua las oceánicas, formando un marcado frente halino (ver figura adjunta). La mezcla de ambos cuerpos de agua se produce en una extensión horizontal de Δx=25 km, donde la profundidad en toda la región puede tomarse constante e igual a H=20 m. Con los datos aportados, utilizar la ecuación del viento térmico adecuada para calcular la intensidad y el sentido de la velocidad superficial en el frente, suponiendo que en el fondo la velocidad es nula.

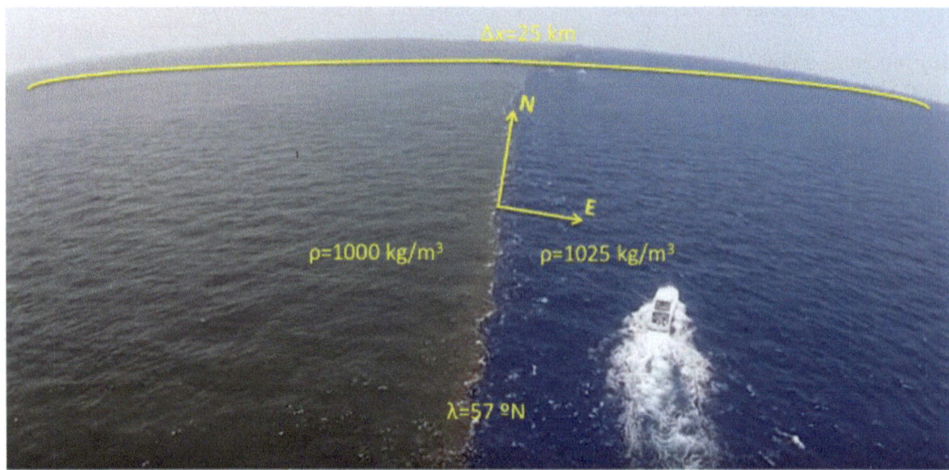

42) La tabla adjunta muestra los perfiles de propiedades hidrográficas en el interior de un remolino centrado en 34º de latitud sur. La estación A está situada hacia el exterior del anillo y la estación B hacia el interior, separadas entre sí L=30 km. Tomando el nivel de referencia adecuado,

A) Representar el perfil de velocidad geostrófica (módulo) entre A y B.

B) Representar el perfil del transporte entre A y B, acumulado desde el nivel de referencia. ¿Qué error se comete en el cálculo de la velocidad y transporte acumulado superficiales si se hubiese tomado como nivel de referencia 1500 m?

D(m)	T_A (ºC)	S_A(USP)	σt_A (kg/m³)	T_B (ºC)	S_B (USP)	σt_B (kg/m³)
0	19,05	35,590	25,461	19,38	35,612	25,392
20	19,10	35,590	25,448	19,36	35,614	25,399
50	18,80	35,590	25,524	19,34	35,615	25,405
75	18,64	35,598	25,571	19,29	35,617	25,419
100	18,55	35,574	25,576	19,17	35,613	25,447
150	17,45	35,562	25,838	19,07	35,614	25,474
200	16,13	35,551	26,143	18,90	35,607	25,512
300	13,68	35,249	26,447	16,83	35,403	25,865
500	10,05	34,932	26,891	14,09	35,106	26,251
700	7,90	34,592	26,969	8,73	34,588	26,839
900	6,28	34,492	27,115	6,47	34,488	27,087
1100	4,92	34,470	27,264	4,98	34,466	27,254
1300	3,89	34,509	27,407	3,95	34,506	27,399
1500	3,23	34,562	27,514	3,28	34,560	27,508
2000	2,37	34,667	27,675	2,38	34,665	27,672
2500	1,98	34,725	27,753	1,98	34,725	27,753

C) La diferencia de alturas que tienen las isobaras a cada nivel. ¿Es un remolino ciclónico o anticiclónico?

D) Representar el diagrama TS de ambas estaciones y calcular las pendientes del Agua Central en cada estación. Discutir los resultados.

E) ¿Qué masa de agua tiene su núcleo a 1100 m? ¿Qué masa de Agua hay debajo de ella? Razonar las respuestas.

Tomar las constantes $g = 9,81 m/s^2; \rho_0 = 1028 kg/m^3$.

43) Considere un remolino oceánico al sur de Canarias, en el que la distribución de la densidad se representa en coordenadas cilíndricas (r, θ, z, con el eje z pasando por el centro del remolino y su origen en la superficie), mediante la expresión:

$$\rho(r,z) = \rho_0 + \delta\rho_r \frac{r^2}{R^2} - \delta\rho_z \frac{z}{D}$$

donde $\rho_0, R, \delta\rho_z$ y D son ctes. positivas y $\delta\rho_r$ es una cte. positiva o negativa.

A) Para el dominio horizontal y vertical $0 \le r \le R$; $-D \le z \le 0$ ¿Qué forma tienen las isopicnas en una sección vertical (r, z)? Justificar la respuesta.

B) Mediante la relación hidrostática:

$$\frac{\partial p}{\partial z} = -g\rho(r,z)$$

23

obtener por integración vertical una expresión para la elevación de la superficie libre $\eta(r)$. Suponer que la presión es constante en la superficie libre e igual a la presión atmosférica p_a y que la presión a la profundidad $z=-D$ también es constante: $p_{(z=-D)}=p_D$. Utilizar la condición $\eta_{(r=0)}=0$.

Aproximar la expresión obtenida para el caso realista $\delta\rho_r \ll \rho_0, \delta\rho_z \ll \rho_0$. Ayuda: cuando $b<0$ y $b^2 \gg 4ac$, la conocida expresión $\frac{-b-\sqrt{b^2-4ac}}{2a}$ tiende a $\frac{c}{|b|}$ *. ¿En qué sentido gira el remolino si $\delta\rho_r > 0$, o si $\delta\rho_r < 0$?

*El polinomio de Taylor de primer orden de $F(x) = (b^2 - x)^{1/2}$ en el entorno de $x=0$ es $P(x) = F(0) + F'(0)x$ donde $F(0) = (b^2)^{1/2} = |b|; F'(x) = -\frac{1}{2}(b^2 - x)^{-\frac{1}{2}}; F'(0) = -\frac{1}{2}(b^2)^{-\frac{1}{2}} = -\frac{1}{2|b|} \rightarrow P(x) = |b| - \frac{x}{2|b|}$. Si $x \equiv 4ac \rightarrow P(4ac) = |b| - \frac{4ac}{2|b|}$, y si $b<0$ entonces $\frac{-b-\sqrt{b^2-4ac}}{2a} \cong \frac{-b-\left(|b|-\frac{4ac}{2|b|}\right)}{2a} = \frac{4ac}{4a|b|} = \frac{c}{|b|}$.

C) Obtener una expresión para la velocidad geostrófica superficial:

$$v_g(r,0) = \frac{g}{f}\frac{d\eta}{dr}$$

D) A partir de la ecuación del viento térmico:

$$\frac{\partial v_g(r,z)}{\partial z} = -\frac{g}{f\rho_0}\frac{\partial\rho(r,z)}{\partial r}$$

obtener por integración $v_g(r,z)$. ¿Qué forma tienen las isolíneas de velocidad en una sección vertical (r,z)?

E) Para los valores $\rho_0 = 1025\ kgm^{-3}, \delta\rho_r = \pm1\ kgm^{-3}, R = 150\ km, \delta\rho_z = 3\ kgm^{-3}, D = 500\ m$, $f = 6{,}2 \cdot 10^{-5}\ s^{-1}$ y $g = 9{,}81\ ms^{-2}$, representar $\eta(r)$ y los campos de densidad y corriente geostrófica.

F) Obtener el transporte de volumen (en Sv) integrando la velocidad obtenida en 4):

$$T = \int_{-D}^{0} \int_{0}^{R} v_g(r,z)drdz$$

G) Si el volumen en coordenadas cilíndricas es $V = \iiint rdrd\theta dz$, obtener la energía cinética y la energía potencial (con origen en $z=0$) del remolino (en J):

$$Ec = \frac{1}{2}mv_g^2 = \frac{1}{2}\rho_0 V v_g^2 = \frac{1}{2}\rho_0 \int_0^{2\pi} d\theta \int_{-D}^{0} \int_0^{R} rv_g^2(r,z)drdz$$

$$Ep = mgz = \frac{1}{2}\rho_0 V gz = \frac{1}{2}\rho_0 g \int_0^{2\pi} d\theta \int_0^{R} \int_0^{\eta(r)} zdzrdr$$

1.6 MASAS DE AGUA

44) La figura adjunta (panel izquierdo) muestra 6 diagramas TS, entre 150 y 700 m de profundidad, correspondientes a 6 estaciones (etiquetadas como u, v, w, x, y, z) situadas en cierta región oceánica (panel derecho).

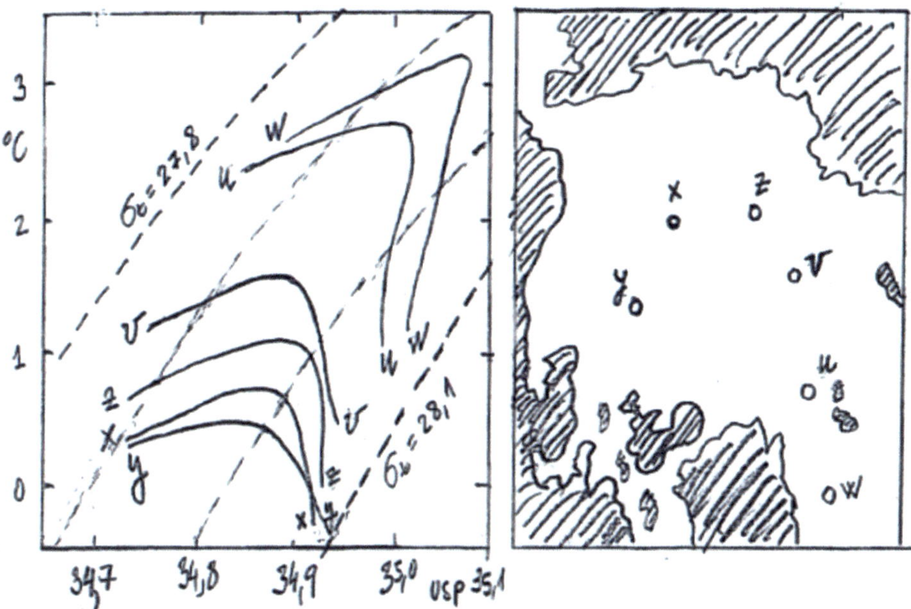

Los tipos de agua implicados entre las profundidades mencionadas tienen las siguientes características:

	S	T	sigma-t
A	31,50	-1,00	25,32
B	35,00	-1,00	28,15
C	35,10	3,50	27,92

A) Ordenar verticalmente los 3 tipos ("somero", "intermedio" y "profundo").

B) Trazar la circulación del tipo "intermedio" en la región de estudio mediante flechas en el panel derecho, justificándolo convenientemente.

C) Justificar cuantitativamente el apartado anterior, calculando la proporción del tipo "intermedio" en las dos estaciones donde dicho tipo tenga la mayor y la menor influencia.

45) En el escenario actual, la T media de los océanos en los primeros 1000 m de columna de agua es de 10,0°C y la S media de 35,0 ‰. En los próximos 100 años se prevé un nuevo escenario, con aumento de T de 1,0°C y una disminución de S de 1,0‰, supuestos ambos homogéneos en los primeros 1000 m de columna de agua. Se estima que el resto de columna permanecerá inalterado.

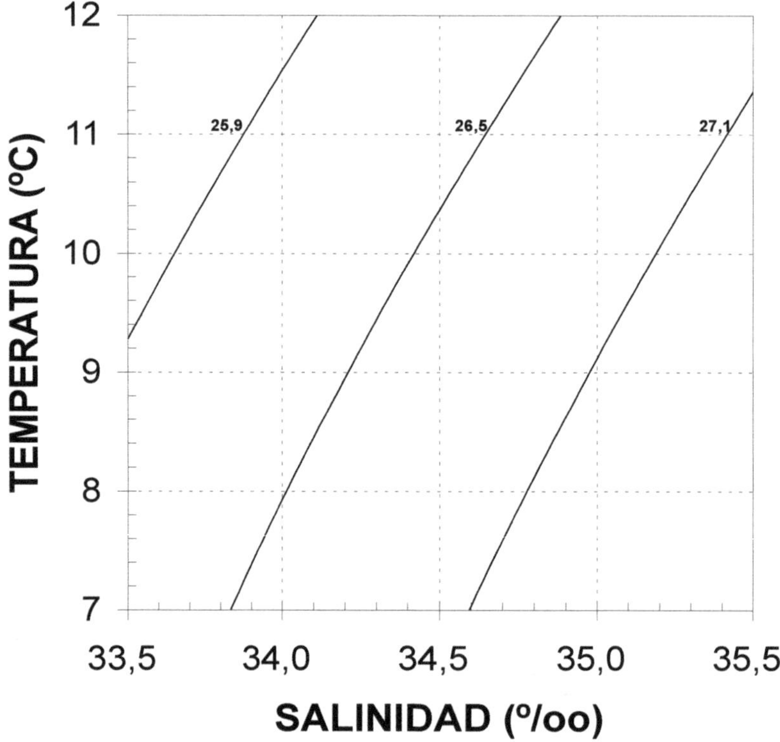

A) Describir brevemente el mecanismo más plausible de transferencia de energía que causará la perturbación de T. Calcular la energía que han acumulado los océanos en W/m^2 durante la transición entre ambos escenarios.

B) Con el diagrama TS adjunto, estimar las sigma-t medias de los primeros 1000 m de ambos escenarios (supuestos como tipos de agua), con al menos dos cifras decimales.

C) Estimar el cambio del nivel del mar (en metros) que tendrán los océanos en el nuevo escenario con respecto al actual, y justificar si es de aumento o descenso, bajo la hipótesis de que el área de los océanos se mantiene constante al pasar de un escenario a otro.

D) ¿Qué mecanismo más plausible ha causado la perturbación de S? Justificar la respuesta.

E) Admitiendo que, una vez transcurridos los 100 años, los mecanismos descritos en los apartados **A)** y **D)** desaparezcan bruscamente, estimar el tiempo que le llevará a los primeros 1000 m de columna el enfriarse la mitad de la perturbación inicial (0,5°C)?

Constantes: Calor específico del agua de mar: 4180 $J \cdot kg^{-1} \cdot K^{-1}$. Constante de Stefan-Bolzmann: $\sigma = 5,67 \cdot 10^{-8} \ J \cdot s^{-1} \cdot m^{-2} \cdot K^{-4}$. Temperatura de equilibrio: 293 K.

46) A) Demostrar que la recta que une los tipos de agua A (S_a, T_a) y B (S_b, T_b) en el diagrama TS tiene por ecuación general $T = a \cdot T_a + b \cdot T_b$, siendo a y b las contribuciones a la mezcla (en tanto por uno) de ambas masas de agua.

B) Para la mezcla de dos tipos de agua A (S_a, T_a) y B (S_b, T_b) de la misma densidad, demostrar que la pendiente **media** de la isopicna en el intervalo (S_a, S_b) es igual a la pendiente de la recta que une ambos tipos de agua.

C) Demostrar que para la resolución de los porcentajes de un triángulo de mezcla de tres tipos de agua, A (S_a,T_a), B (S_b,T_b) y C (S_c,T_c) es indiferente introducir las temperaturas en °C o en K.

47) En cierta región costera se produce la mezcla de 3 cuerpos de agua de las siguientes características:
A) Agua oceánica de salinidad S_A, a 0°C.
B) Agua continental de temperatura T_B.
C) Agua continental a 0°C.

A) Representar, con el diagrama apropiado, el proceso arriba indicado.

B) En una zona concreta se observa un cuerpo de agua de características: $S=S_A/3$; $T=T_B/3$. Representarlo en el diagrama. Calcular las contribuciones de los tres tipos en la mezcla.

C) Demostrar gráfica y analíticamente que la masa de agua anterior se encuentra en el "centro de masas" del sistema.
Nota: las coordenadas del centro de masas son: $x_{cdm}=\sum_i x_i \cdot m_i/\sum_i m_i$; $y_{cdm}=\sum_i y_i \cdot m_i/\sum_i m_i$

D) Calcular (gráfica y analíticamente) las contribuciones del cuerpo de agua con $S=S_A/2$; $T=T_B/2$.

E) Sería posible encontrar en dicha región algún cuerpo de agua de características $T=2 \cdot T_A/3$, $S=2 \cdot S_B/3$. Justificar la respuesta.

48) Las aguas profundas (entre 1000 y 5000 m de profundidad) de los océanos Pacífico e Índico tienen ambas elevada homogeneidad horizontal y vertical. Sus características termohalinas medias (integradas en latitud, en longitud y en profundidad a lo largo de ambos océanos) se indican en la siguiente tabla:

OCÉANO	PACÍFICO	ÍNDICO
SALINIDAD MEDIA (‰)	34,70	34,80
TEMPERATURA MEDIA (°C)	1,5	2,0
SIGMA-t (kg/m³)		

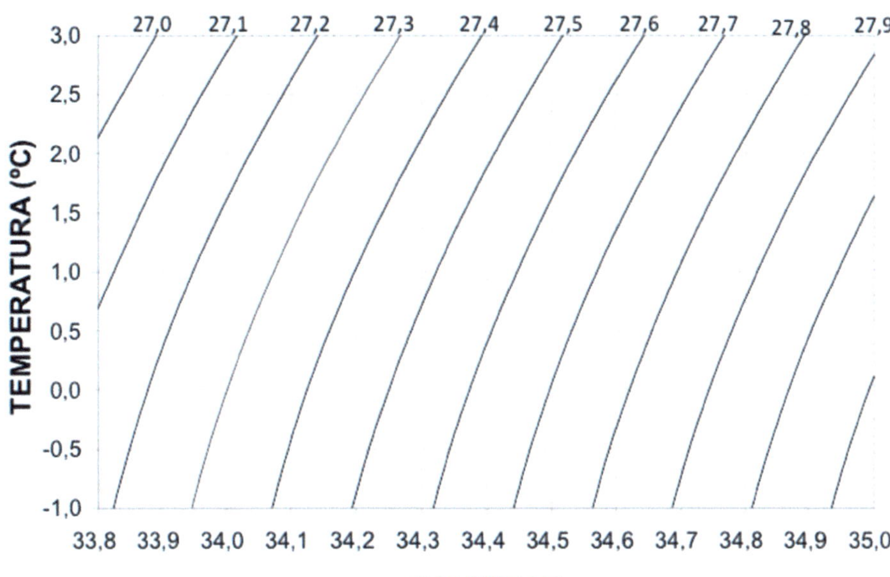

A) Con ayuda del diagrama TS adjunto, rellenar los campos vacíos de la tabla anterior (con al menos 2 cifras decimales).

Ambos cuerpos de agua profunda son mezcla de los tres tipos de agua más importantes de los océanos (**A**, **B** y **C**), cuyas características se reflejan en la siguiente tabla:

TIPOS	A	B	C
NOMBRE/ACRÓNIMO			
SALINIDAD (‰)	33,80	34,90	34,70
TEMPERATURA (°C)	2,2	2,2	-1,0

B) Justificar gráficamente que la afirmación anterior es correcta.

C) ¿Qué secuencia, de más somera a más profunda, ocupan en la columna de agua los tipos **A**, **B** y **C**? Rellenar los campos vacíos de la tabla anterior.

D) ¿Cuál de los dos océanos contiene mayor contribución del tipo **B** en sus aguas profundas? Justificarlo analíticamente.

E) Según los resultados obtenidos, que importante conclusión se obtiene del apartado D) con respecto a la circulación termohalina global?

Datos: R_T=6371 km; C_d=0,0014. T_{aire}=20°C; P_{aire}=1013 hPa; R_d=287 J·kg^{-1}·K^{-1}; σ_t=24 kg/m^3.

49) Se mezclan dos tipos de agua imaginarios: A (S_A, T_A) y B (S_B, T_B), con proporciones (en tanto por uno) respectivamente *a* y *b*, para dar un cuerpo de agua de características S, T. Sabiendo que durante dicho proceso se cumple la siguiente relación (llamada relación áurea):

$$\frac{S - S_A}{S_B - S_A} = \frac{S_B - S}{S - S_A}$$

calcular numéricamente *a* y *b*.

50) En una mezcla de 3 tipos de agua de las siguientes características:

TIPO	Prof. (m)	T (°C)	S (USP)	σ_t
A=ACNA	410	11.1	35.59	27.254
B=AM	1200	11.9	36.50	27.809
C=AL	1800	3.4	34.92	27.819

Sea *b* la contribución (en tanto por uno) del tipo *B* de una muestra de agua [de características genéricas (S, T)], que sea mezcla de los citados tres tipos, el cual puede generalizarse mediante la siguiente ecuación:

$$b = \alpha + \beta\cdot T + \gamma S$$

A) Calcular numéricamente los parámetros α, β y γ, con sus correspondientes unidades.

B) Justificar gráficamente el signo de β y γ obtenido en el apartado anterior.

C) Qué valor de *b* se obtiene para S=36,10 USP y T=7,0°C. ¿Es un valor coherente? Razonar la respuesta.

51) La ecuación de estado para la densidad del agua de mar se puede expresar en función de las dos propiedades conservativas (T,S) en una primera aproximación como

$$\rho(T,S) = c + d{\cdot}T + e{\cdot}T^2 + f{\cdot}S$$

$c>0$, $d<0$, $e<0$ y $f>0$ son parámetros constantes.

A) Demostrar que cuando se mezclan dos tipos de agua de la misma densidad A(T_A, S_A) y B(T_B, S_B) en contribuciones (tanto por uno) a y b respectivamente, existe encabalgamiento.

B) ¿En qué casos casos particulares no existiría encabalgamiento?

C) Demostrar que el máximo encabalgamiento sucede cuando $a=b=1/2$.

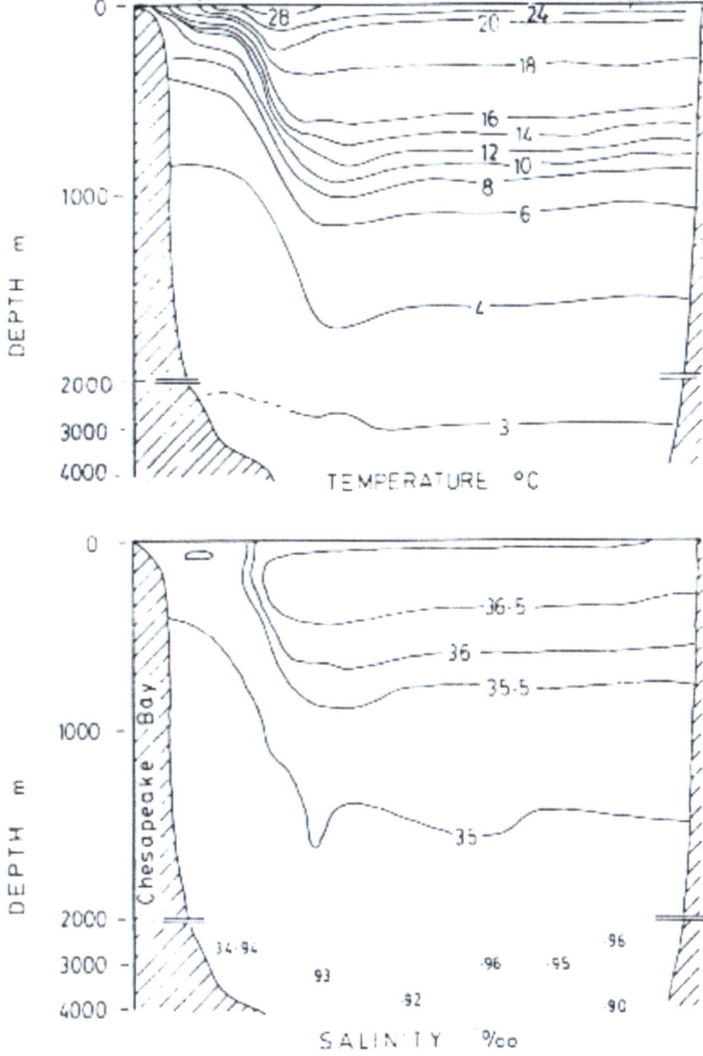

Tomada de Pickard, G.L. and Emery, W.J. (1982). Descriptive Physical Oceanography. 4th Edition. Pergamon Press.

52) La figura adjunta muestra la distribución de las propiedades termohalinas en una sección NW (izquierda)-SE (derecha) de unos 1000 km de ancho que cruza perpendicularmente la corriente del Golfo en 35°N.

A) ¿En que época del año fue muestreada? Justificar la respuesta.

B) Localizar la zona de la sección por la que discurre la corriente e inferir su sentido ¿En qué principios físicos te basas?

C) ¿Dónde se sitúa la termoclina principal? Explica detalladamente el mecanismo de formación de la masa agua que la ocupa y como ha llegado hasta esa zona. Dibuja los esquemas que creas necesarios.

D) Representa un diagrama TS de las aguas de la termoclina principal ¿qué características tiene dicho diagrama? ¿Por qué?

E) Las isotermas e isohalinas de la termoclina principal a la derecha de la sección tienen una ligera inclinación. Interpretar este hecho a efectos de circulación de la masa de agua que la ocupa.

F) Las aguas subsuperficiales a la derecha de la sección tienen un máximo de salinidad y una temperatura relativamente homogénea comparada con las aguas por encima y por debajo de ellas. Explicar detalladamente estos hechos.

53) Se sabe que en cierta región del océano la densidad es función parabólica con la profundidad, con $\rho(0\text{ m})=1022{,}00$ kg/m^3, $\rho(500\text{ m})=1028{,}00$ kg/m^3 y $\rho(1000\text{ m})=1030{,}00$ kg/m^3. Calcular:

A) $\rho(100\text{ m})$ y $\rho(600\text{ m})$.

B) La densidad media de los primeros 1000 m de columna de agua ¿A qué profundidad se obtiene dicha densidad?

C) ¿Qué cuerpo de agua es más estable, el de 100 m o el de y 600 m?¿Hay algun cuerpo de agua inestable?

54) Es bien sabido que en el Océano Pacífico no se forma una masa de agua equivalente al Agua Profunda NorAtlántica (APNA, véase problema 41). La figura adjunta muestra las condiciones termohalinas medias que adquieren las aguas superficiales en los inviernos de los Mares de Groenlandia en el Atlántico (en rojo) y en el Mar de Bering en el Pacífico (en azul). Geográficamente, ambas zonas tienen similar latitud. A la vista de los datos ¿Por qué no se forma el *Agua Profunda del Pacífico Norte*?¿Qué enfriamiento extra necesitarían las aguas del Pacífico para tener el mismo impacto en la densidad que en el Atlántico y poderse hundir?

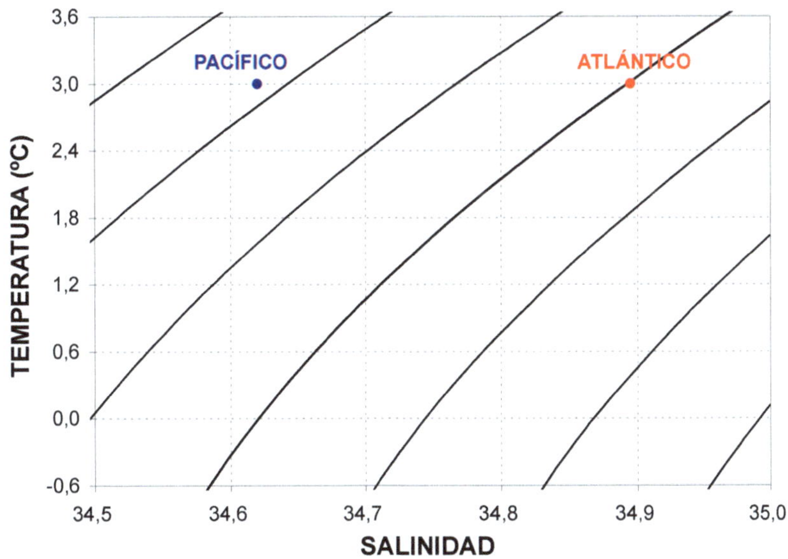

55) La figura adjunta muestra 3 perfiles de verticales de densidad (sigma-t) de tres estaciones situadas en latitudes diferentes: 5°N, 30°N y 47°N.

A) Identificar la latitud de cada perfil.

B) Razonar qué perfil es el más estable y el menos estable en los primeros 1000 m.

C) ¿Qué perfil tiene doble picnoclina? ¿A qué es debido?

D) ¿Por qué los tres perfiles tienen la misma densidad a altas profundidades?

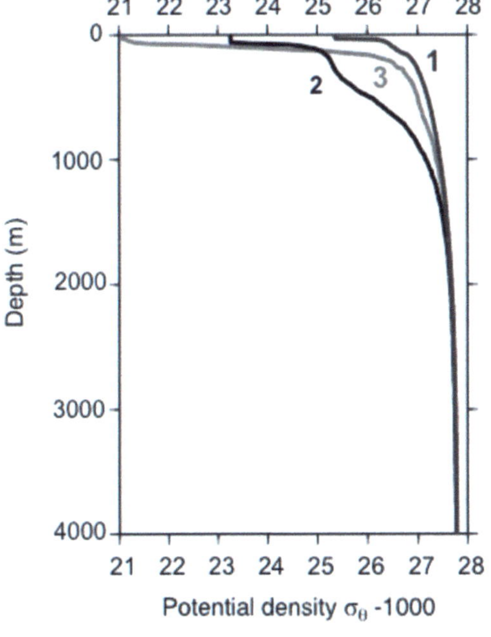

56) Los coeficientes de expansión térmica y halina medios para el agua de mar son respectivamente:

$$\bar{\alpha} = -\frac{1}{\rho_0}\left(\frac{\partial \rho}{\partial T}\right)_S = 1{,}7{\cdot}10^{-4}K^{-1}; \quad \bar{\beta} = +\frac{1}{\rho_0}\left(\frac{\partial \rho}{\partial S}\right)_T = 7{,}6{\cdot}10^{-4}USP^{-1}$$

donde $\rho_0 = 1025 kgm^{-3}$ es la densidad de referencia.

A) Expresar dichos coeficientes en función del volumen por eliminación de la densidad.

B) ¿Cuál debe ser relación entre la variación de temperatura y la variación de salinidad ($\Delta T / \Delta S$) tal que no causen ninguna variación en la densidad ($\Delta \rho = 0$)?

C) Para el rango típico de salinidad y temperatura en el agua de mar (33-38 USP y -2-28 °C respectivamente), ¿cuál de ambos rangos provoca una mayor variación en la densidad?

57) Estimar los coeficientes de expansión térmica y halina en la isohalina e isoterma que se indican en diagrama TS adjunto, en el que las isopicnas están representadas cada 0,1 kg/m^3. Tomar la densidad de referencia 1025 kg/m^3.

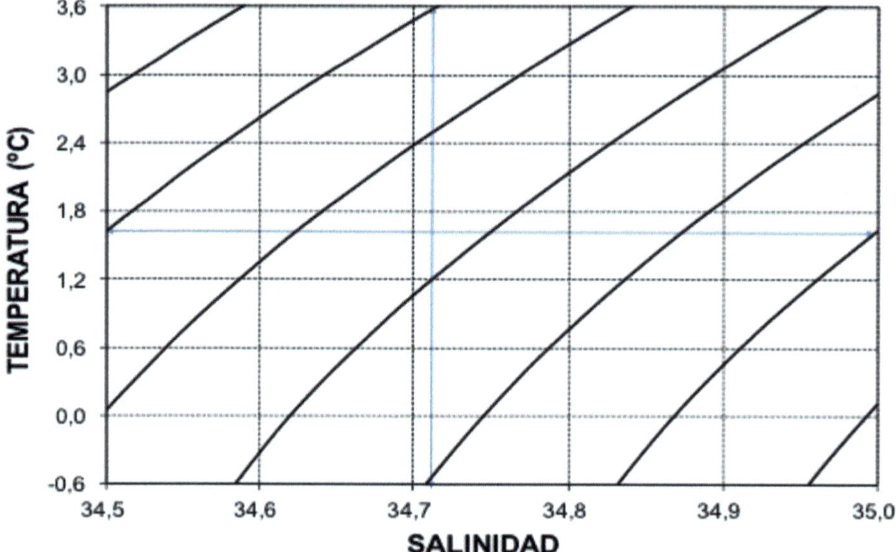

58) La figura adjunta muestra cuatro perfiles verticales de salinidad en los primeros 1500 m de columna de agua (etiquetados como A, B, C y D). Dos de ellos están tomados en el Océano Atlántico Occidental y otros dos en el Pacífico Occidental. Asimismo, dos de ellos están tomados en 25° N y otros dos en 45° N. Identificar cada uno de los perfiles, justificando la elección por algún rasgo característico o distintivo.

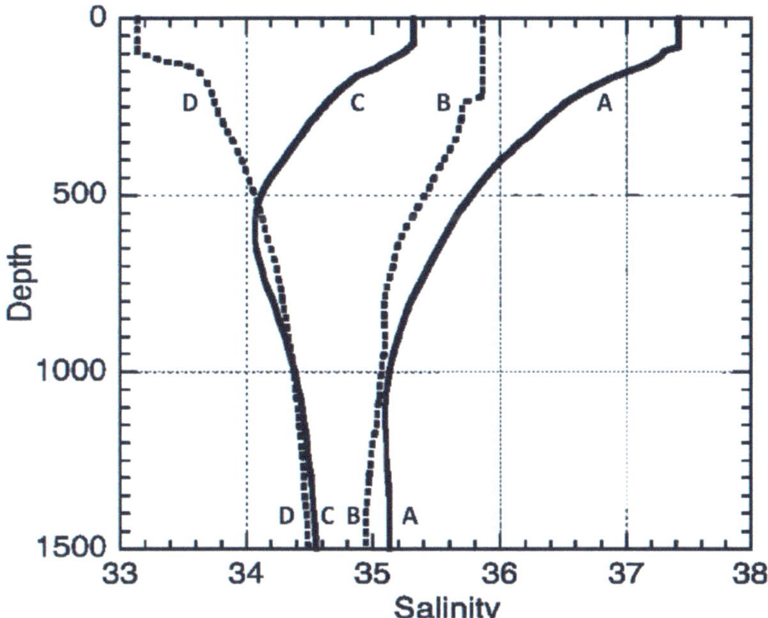

Depth
Salinity
D
C
B
A
0
500
1000
1500
33
34
35
36
37
38
D
C
B
A

1.7 VORTICIDAD

59) Un remolino oceánico de mesoescala circular, de radio r=100 km, gira como un sólido rígido en sentido antihorario con una velocidad angular constante en el Hemisferio Norte. La celeridad máxima en la periferia del remolino es de V(r)=1 m/s. En el exterior la velocidad es nula.

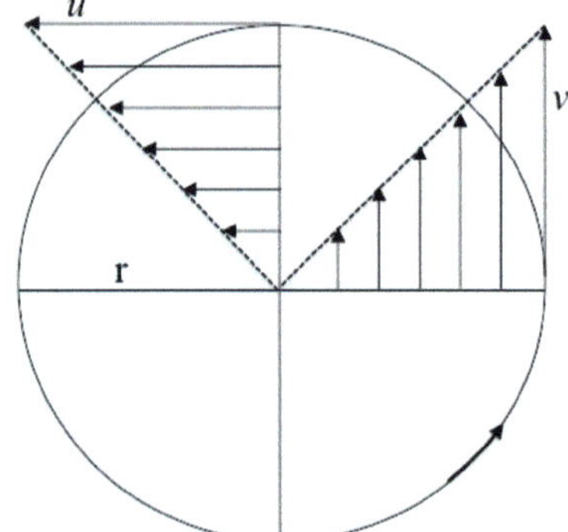

A) Calcular su vorticidad relativa.

B) Calcular su vorticidad relativa si girase con igual celeridad pero en sentido inverso. En este caso ¿Es un remolino cálido o frío? Razonar la respuesta.

C) Calcular el período de rotación, en días.

D) Si el remolino del apartado A se desplaza desde su zona de formación hacia el norte sin modificar ni su profundidad ni su radio, razonar si su período de rotación aumentaría, disminuiría o no se modificaría.

E) Calcular la celeridad máxima en la periferia del remolino si, en las mismas condiciones del apartado D, el remolino se desplaza de 30ºN a 35ºN.

F) Durante su lento desplazamiento hacia el norte, el remolino pasa por un correntímetro fondeado que registra la corriente superficial. Representar esquemáticamente la serie temporal registrada por el correntímetro al paso del remolino, sabiendo que pasa a una distancia 2r/3 del eje meridional.

60) Calcular la vorticidad relativa en el centro del sistema de corrientes que corresponde a la siguiente configuración:

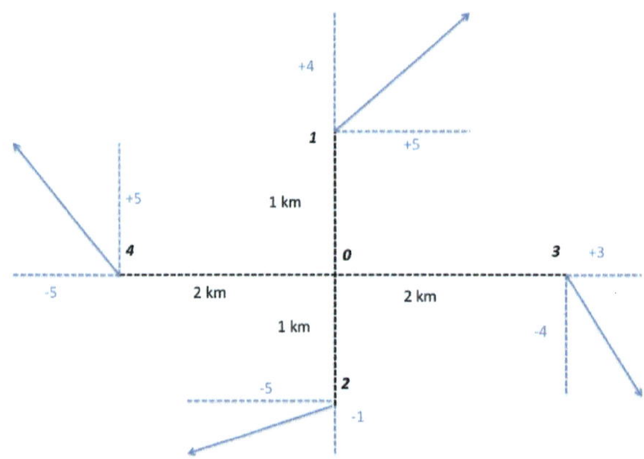

61) Una corriente oceánica sin vorticidad relativa apreciable discurre a lo largo del paralelo 30°N hacia el este, sobre un fondo de profundidad de 1000 m. Al pasar sobre una cordillera oceánica de 800 m de profundidad ¿hacia dónde se desvía? Calcular la distancia máxima a la que se desvia (R=6370 km).

62) Una partícula de agua de densidad ρ_0 constante se encuentra inicialmente a H=150 m de profundidad en el Océano Pacífico, a λ_0=3° al norte del ecuador. Si admitimos:

a) Geostrofía en ambos ejes horizontales.
b) Que el gradiente de presión meridional en λ_0 es nulo,

y adicionalmente que se cumplen las siguientes hipótesis para cualquier latitud intermedia (λ) entre λ_0 y el ecuador (0°), ambas incluidas:

c) El gradiente de presión zonal es constante y negativo.
d) La profundidad por la que se mueve la partícula es constante.

A) Utilizando el principio de conservación de la vorticidad apropiado, demostrar que el perfil meridional de la velocidad zonal $u(\lambda)$ viene dado por la expresión:

$$u(\lambda) = 2\omega_{tierra}R\left[\cos\lambda_0 - \cos\lambda - sen\lambda_0\cdot\left(\lambda - \lambda_0\right)\right]$$

y representar la velocidad entre 3° y 0°.

B) Calcular la velocidad zonal justo en el ecuador $u(0)$ ¿que consecuencia se deduce de este resultado? Tomar R=6371 km.

63A) Un remolino oceánico cliclónico de 5 días de período de giro se encuentra inicialmente girando como un cilindro rígido de 1000 m de profundidad en 30°N. El remolino se dirige hacia el este y, en un momento determinado deja de rotar. ¿Cuál es la profundidad del remolino en ese momento?

B) Repetir el ejercicio suponiendo que inicialmente el remolino es anticiclónico.

64) Un río vierte un pulso o evento de agua dulce al océano en el hemisferio norte formando ésta, una vez se encuentra en el océano, la llamada pluma de agua dulce (ver figura adjunta). Admitiendo que en todo momento:

a) No hay cambios de ninguna propiedad en la dirección zonal.
b) No hay mezcla efectiva del agua del río con el agua oceánica.
c) El agua oceánica no se mueve.
d) No hay viento ni otro tipo de fricción.
e) La temperatura del agua oceánica es constante e igual que la de agua dulce.
f) La escala horizontal de la figura es pequeña (pocas decenas de km).
g) En el río la vorticidad relativa es nula.

Se verifica además que, finalizado dicho pulso, la profundidad del agua dulce es menor en el océano que en el río, ya que la interfase entre el agua dulce y el agua oceánica se va somerizando hacia el océano, como indica la figura adjunta.

A) Predecir por alguna ecuación dinámica hacia donde se moverá la pluma una vez se encuentre en el océano.

B) Predecir por alguna ecuación dinámica cómo será la distribución espacial de la velocidad en la pluma.

C) Calcular la velocidad media de la pluma para los siguientes valores. Latitud 44°N; g =10 m/s^2; σt,océano=25 kg/m^3. Profundidad de la pluma al salir al océano: 5 m. Distancia de la costa a la que la interfase toca la superficie: 20 km.

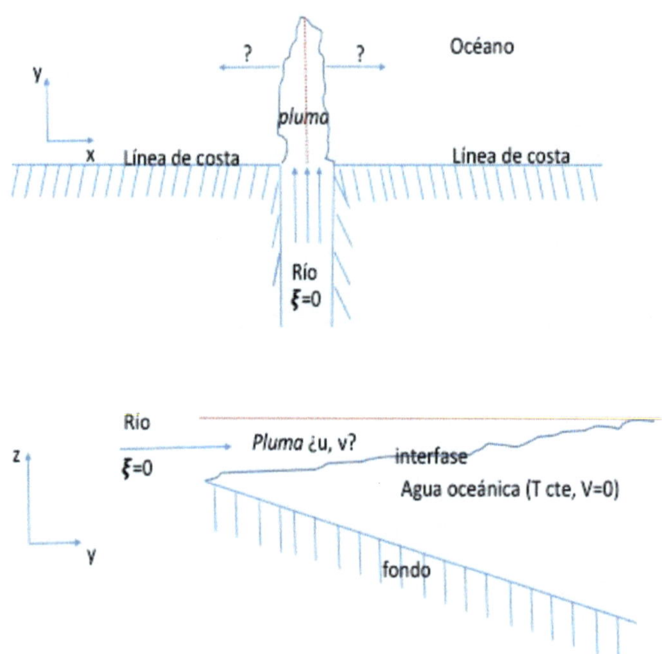

RESPUESTAS A LOS PROBLEMAS

1)A) Partimos de la ecuación de estado del aire seco y de la ecuación hidrostática:

$$p = \rho R_d T_0 ; \quad \frac{\partial p}{\partial z} = -\rho g$$

Eliminamos la densidad entre ambas:

$$\frac{\partial p}{\partial z} = -\frac{g}{R_d T_0} p$$

Multiplicamos ambos lados por *dz* y separamos la presión:

$$\frac{\partial p}{\partial z} dz = -\frac{g}{R_d T_0} p dz \rightarrow \frac{dp}{p} = -\frac{g}{R_d T_0} dz$$

Integramos entre la superficie, donde *z*=0 y *p*=*p₀*, y cualquier otra *z* donde *p*=*p(z)*

$$\int_{p_0}^{p(z)} \frac{dp}{p} = -\frac{g}{R_d T_0} \int_0^z dz \rightarrow \ln \frac{p(z)}{p_0} = -\frac{g}{R_d T_0} z$$

Finalmente despejamos la presión:

$$p(z) = p_0 e^{-\frac{g}{R_d T_0} z}$$

B) La escala vertical característica, llamémosla h_c, es la inversa del coeficiente que multiplica a la coordenada *z* en la exponencial.

$$h_c = \frac{R_d T_0}{g} = 8015 m$$

que resulta ser del mismo orden de magnitud que la de la troposfera, por lo que este modelo resulta adecuado para la troposfera.

C) Obtenemos la presión media incorporando en el numerador la expresión obtenida en el apartado A):

$$\bar{p} = \frac{\int_0^h p(z)\,dz}{\int_0^h dz} = \frac{p_0}{h}\int_0^h e^{-\frac{g}{R_d T_0} z}\,dz = \frac{p_0}{h}\left(-\frac{R_d T_0}{g}\right)e^{-\frac{g}{R_d T_0} z}\Bigg|_0^h = \frac{p_0}{h}\frac{R_d T_0}{g}\left(1 - e^{-\frac{gh}{R_d T_0}}\right)$$

y esta presión media es igual a la presión en la coordenada z buscada $\bar{p} = p(z)$. Igualando se obtiene:

$$\frac{p_0}{h}\frac{R_d T_0}{g}\left(1 - e^{-\frac{gh}{R_d T_0}}\right) = p_0 e^{-\frac{g}{R_d T_0} z}$$

Donde p_0 se elimina. Para despejar *z* se toman logaritmos neperianos en ambos lados:

$$\ln\left[\frac{R_d T_0}{hg}\left(1 - e^{-\frac{gh}{R_d T_0}}\right)\right] = -\frac{g}{R_d T_0} z \rightarrow z = -\frac{R_d T_0}{g}\ln\left[\frac{R_d T_0}{hg}\left(1 - e^{-\frac{gh}{R_d T_0}}\right)\right]$$

o bien:

$$z = -h_c \ln\left[\frac{h_c}{h}\left(1 - e^{-\frac{h}{h_c}}\right)\right]$$

D) Sustituyendo los valores numéricos h=10000 m, h_c=8015 m, se obtiene z=4485 m. Si la dependencia de la presión atmosférica con z fuera lineal (como realmente ocurre en el océano), la z buscada sería la mitad de la troposfera (5000 m). Sin embargo, al ser una dependencia exponencial no se obtiene exactamente 5000 m, aunque sí un valor parecido.

2) Las partículas sólidas procedentes de la combustión de los vehículos se convierten en excelentes núcleos de condensación para formar nubes. Dado que los días no laborables hay menos tráfico, probabilidad de pluviosidad será menor.

3) Partimos de la expresión del viento térmico para la dirección zonal, que integramos entre las alturas dadas y el gradiente meridional de temperatura se discretiza:

$$\frac{\partial u_g}{\partial z} = -\frac{g}{fT}\frac{\partial T}{\partial y} \Rightarrow \int_{u_{g0}}^{u_g(z)} \frac{\partial u_g}{\partial z}dz = -\frac{g}{fT}\frac{\Delta T}{\Delta y}\int_0^z dz \Rightarrow u_g(z) = u_{g0} - \frac{g}{fT}\frac{\Delta T}{\Delta y}z$$

Donde la distancia ecuador polos es $\Delta y = 90°\,\pi/180R = 10007km = 1,00\cdot10^7 m$
Para el hemisferio N tenemos:

$$u_g(z) = u_{g0} - \frac{g}{fT}\frac{\Delta T}{\Delta y}z = +10\frac{m}{s} - \frac{10m/s^2}{2\cdot7,27\cdot10^{-5}s^{-1}\cdot sen45°\cdot298K}\frac{-40K}{1,00\cdot10^7 m}5000m =$$

$$= +10\frac{m}{s} + 6,5\frac{m}{s} = 16,5\frac{m}{s}$$

Para el hemisferio Sur ΔT es de signo opuesto (+40K), pero f también cambia de signo, luego el cálculo es idéntico. En ambos casos, por tanto, se espera un viento también del oeste, pero más intenso que en superficie (se trata de la denominada *Corriente de Chorro* que fluye en altura hacia el E por latitudes medias).

4)A) k es adimensional ya que $[x^2]=[y^2]=[R^2]=L^2$.

B) Dado que P_0 es la presión en el centro, en el anticiclón la presión disminuye hacia fuera del sistema, por la que le corresponde el signo -, y en la borrasca la presión aumenta hacia fuera del sistema, con lo que le corresponde el signo +.

C) Para una isobara cualquiera de valor constante $P<P_0$ tenemos de la ecuación dada para un anticiclón:

$$P = P_0\cdot\left[1 - \frac{k}{R^2}\left(x^2 + y^2\right)\right] \rightarrow x^2 + y^2 = \frac{R^2}{k}\left(1 - \frac{P}{P_0}\right) = cte > 0$$

que es la ecuación de una circunferencia $x^2 + y^2 = r^2$ con centro en el origen (x=0, y=0) y de radio $r = R\sqrt{\frac{1}{k}\left(1 - \frac{p}{p_0}\right)}$, por lo que las isobaras son circunferencias concéntricas. Se tiene que al disminuir P aumenta el radio como dorresponde a un anticiclón.

D) Combinando la ecuación de estado y las geostróficas obtenemos:

$$\rho_0 = \frac{P_0}{R_d T_0} \qquad u_g = -\frac{1}{\rho_0 f}\frac{\partial P}{\partial y} = +\frac{2 P_0 k}{\rho_0 f R^2} y = +\frac{2 R_d T_0 k}{f R^2} y \qquad v_g = \frac{1}{\rho_0 f}\frac{\partial P}{\partial x} = -\frac{2 P_0 k}{\rho_0 f R^2} x = -\frac{2 R_d T_0 k}{f R^2} x$$

E) R=1000 km, k=9·10^{-3}, P_0=1013 hPa. R_d=287,04 J·kg^{-1}·K^{-1}. T_0=288,15 K, ω=7,27·10-5 s^{-1}:

$$\frac{2 R_d T_0 k}{f R^2} = \frac{R_d T_0 k}{\omega \cdot sen(43,5°)\cdot R^2} = 1{,}49\cdot 10^{-5} s^{-1} = 1{,}49\cdot 10^{-2}\,\frac{m}{s\cdot km}$$

x	y	P	u_g	v_g	V_g	Dirección de **procedencia** del viento
km	km	hPa	m/s	m/s	m/s	
0	**0**	1013	0	0	0	No hay viento
500	**500**	1008	+7,4	-7,4	10,5	del NW
-500	**500**	1008	+7,4	+7,4	10,5	del SW
-500	**-500**	1008	-7,4	+7,4	10,5	del SE
500	**-500**	1008	-7,4	-7,4	10,5	del NE

F) De acuerdo con la expresión ya obtenida, la distancia será:

$$r = R\sqrt{\frac{1}{k}\left(1 - \frac{p}{p_0}\right)} = 1000\ \ km\cdot\sqrt{\frac{1}{0{,}009}\left(1 - \frac{1010}{1013}\right)} = 574\ \ km\,.$$

G) Para demostrar que son perpendiculares, el producto escalar de los vectores gradiente de presión y velocidad geostrófica debe ser nulo:

$$\vec{\nabla}P\cdot\vec{V}_g = \frac{\partial p}{\partial x}\cdot u_g + \frac{\partial p}{\partial y}\cdot v_g =$$

$$= \left(-\frac{2 P_0 k}{R^2} x\right)\cdot\left(\frac{2 p_0 k}{\rho_0 f R^2} y\right) + \left(-\frac{2 p_0 k}{R^2} y\right)\left(-\frac{2 p_0 k}{\rho_0 f R^2} x\right) = \left(\frac{4 p_0^2 k^2}{\rho_0 f R^4}\right)(-xy + yx) = 0$$

5)A) Las dimensiones físicas de cada término son:

$$[\Gamma] = KL^{-1}; [T_0] = K; [R_d] = L^2 T^{-2} K^{-1}; [g] = LT^{-2}; [z] = L\,,\ \text{de donde:}$$

$$\left[\frac{\Gamma z}{T_0}\right] = \frac{KL^{-1}L}{K} = 1; \left[\frac{gz}{R_d T_0}\right] = \frac{LT^{-2}L}{L^2 T^{-2} K^{-1} K} = 1; \left[\frac{g}{R_d \Gamma}\right] = \frac{LT^{-2}}{L^2 T^{-2} K^{-1} KL^{-1}} = 1$$

B) Tomando logaritmos neperianos en [1a] tenemos:

$$\ln\frac{p(z)}{p_0} = \ln\left(1 - \frac{\Gamma z}{T_0}\right)^{\frac{g}{R_d \Gamma}} = \frac{g}{R_d \Gamma}\ln\left(1 - \frac{\Gamma z}{T_0}\right)$$

tomando el límite de esta expresión para $T = cte \Rightarrow \Gamma = dT/dz \to 0$ tenemos:

$$\lim_{\Gamma\to 0}\left(\ln\frac{p(z)}{p_0}\right) = \frac{g}{R_d}\lim_{\Gamma\to 0}\frac{\ln\left(1 - \dfrac{\Gamma z}{T_0}\right)}{\Gamma} = \frac{0}{0}$$

con lo que tenemos una indeterminación. Aplicando la *Regla de L'Hôpital*:

$$\lim_{\Gamma \to 0}\left(\ln \frac{p(z)}{p_0}\right) = \frac{g}{R_d}\lim_{\Gamma \to 0}\frac{\dfrac{-z/T_0}{1-\dfrac{\Gamma z}{T_0}}}{1} = \frac{-gz}{R_d T_0} \Rightarrow p(z) = p_0 e^{-\frac{gz}{R_d T_0}}$$

Tomando logaritmos neperianos en [1b] y tomando el límite para $T = cte \Rightarrow \Gamma \to 0$ tenemos:

$$\lim_{\Gamma \to 0}\left(\ln \frac{\rho(z)}{\rho_0}\right) = \lim_{\Gamma \to 0}\left[\left(\frac{g}{R_d \Gamma}-1\right)\ln\left(1-\frac{\Gamma z}{T_0}\right)\right] = \lim_{\Gamma \to 0}\left[\frac{g}{R_d \Gamma}\ln\left(1-\frac{\Gamma z}{T_0}\right)-\ln\left(1-\frac{\Gamma z}{T_0}\right)\right] =$$

$$= \frac{g}{R_d}\lim_{\Gamma \to 0}\frac{\ln\left(1-\dfrac{\Gamma z}{T_0}\right)}{\Gamma} = \frac{0}{0}$$

quedándonos un límite exactamente igual al caso de la presión anteriormente estudiado, por lo que aplicando la *Regla de L'Hópital* obtendríamos:

$$\lim_{\Gamma \to 0}\left(\ln \frac{\rho(z)}{\rho_0}\right) = \frac{-gz}{R_d T_0} \Rightarrow \rho(z) = \rho_0 \cdot e^{\frac{-gz}{R_d T_0}}$$

C) Evaluándo término a término:

$$p(z) = p_0 e^{-\frac{gz}{R_d T_0}} \Rightarrow p(0) = p_0$$

$$\frac{dp(z)}{dz} = p_0 \cdot \left(-\frac{g}{R_d T_0}\right)\cdot e^{-\frac{gz}{R_d T_0}} \Rightarrow \left(\frac{dp(z)}{dz}\right)_{z=0} = \frac{-p_0 g}{R_d T_0}$$

$$p(z) \cong p_0 - \left(\frac{p_0 g}{R_d T_0}\right)\cdot z = p_0\left(1-\frac{gz}{R_d T_0}\right)$$

Esta expresión ha sido obtenida en el entorno de $z=0$, luego solo se debe aplicar cerca de la superficie.

6) Si $(u_g,0)$ es el viento geostrófico y (u,v) es el viento real, las ecuaciones de transformación del real conociendo el geostrófico nos dan:

$$u = u_g \frac{f^2}{f^2 + r^2} = 9,1m/s, \quad v = u_g \frac{rf}{f^2 + r^2} = 2,9m/s$$

con $r = 3,2\cdot10^{-5}s^{-1}$; $f = 2\omega sen 43,5° = 1,0\cdot10^{-4}s^{-1}$. Las componentes polares (módulo y sentido) del viento real son:

$$V = \sqrt{u^2 + v^2} = \frac{u_g}{\sqrt{1+\left(\dfrac{r}{f}\right)^2}} = 9,5m/s, \quad \theta = atan\left(\frac{v}{u}\right) = atan\left(\frac{r}{f}\right) = 18°$$

es decir, el viento real disminuye su intensidad un 5% y se gira 18° hacia las bajas presiones.

7) Partimos de la expresión $\rho(z) = \rho_0 \cdot \left(1 - \dfrac{\Gamma z}{T_0}\right)^{\left(\frac{g}{R_d\Gamma} - 1\right)}$ y aplicando el teorema del valor medio:

$$\overline{\rho} = \frac{\displaystyle\int_0^h \rho_0 \cdot \left(1 - \frac{\Gamma z}{T_0}\right)^{\left(\frac{g}{R_d\Gamma} - 1\right)} dz}{\displaystyle\int_0^h dz} = \frac{\rho_0}{h}\int_0^h \left(1 - \frac{\Gamma z}{T_0}\right)^{\left(\frac{g}{R_d\Gamma} - 1\right)} dz$$

Ahora identificamos los términos con relación a la integral dada:

$$x \equiv z; \quad a \equiv -\frac{\Gamma}{T_0}; \quad b = 1; \quad n \equiv \frac{g}{R_d\Gamma} - 1$$

por lo que, integrando y sustituyendo los límites obtenemos:

$$\overline{\rho} = \frac{\rho_0}{h} \left. \frac{\left(1 - \dfrac{\Gamma \cdot z}{T_0}\right)^{\left(\frac{g}{R_d\Gamma} - 1 + 1\right)}}{\left(-\dfrac{\Gamma}{T_0}\right)\cdot\left(\dfrac{g}{R_d\Gamma} - 1 + 1\right)} \right|_0^h = \frac{-\rho_0 T_0 R_d}{hg}\left[\left(1 - \frac{\Gamma \cdot h}{T_0}\right)^{\left(\frac{g}{R_d\Gamma}\right)} - 1\right] = 0,71 kg \cdot m^{-3}$$

Vemos que la densidad media de la troposfera es solo el 59,2% de la densidad en superficie. En el océano sin embargo esta relación es del 99,7%. En el océano las variaciones verticales de la densidad son *casi* insignificantes (un 0,3%) con respecto al valor medio que tiene la propia densidad. En la atmósfera las variaciones verticales de la densidad son muy importantes (un 40,8%) con respecto al valor medio de su densidad.

8) Partiendo de la expresión de la variación de la presión con la coordenada vertical, tenemos:

$$p(z) = p_0\left(1 - \frac{\Gamma z}{T_0}\right)^{\frac{g}{R_d\Gamma}} = \frac{p_0}{2}$$

Eliminando la presión superficial:

$$\left(1 - \frac{\Gamma z}{T_0}\right)^{\frac{g}{R_d\Gamma}} = \frac{1}{2}$$

Y despejando la altura, tenemos:

$$z = \frac{T_0}{\Gamma}\left[1 - \left(\frac{1}{2}\right)^{\frac{R_d\Gamma}{g}}\right] = 5,47 km$$

9)A) En el H. Norte la temperatura a cualquier altura disminuye yendo del ecuador al polo.

B) Por la ecuación geostrófica discretizada, tenemos para la capa 1:

$$u_1 \cong \frac{-1}{\rho f} \frac{\Delta P}{\Delta y} = \frac{-1}{1,2 kgm^{-3} \cdot 10^{-4} s^{-1}} \frac{-1200 Pa}{10^6 m} = +10 m/s.$$

El viento superficial es del oeste.

C) Por la ecuación de Margules, tenemos para la capas n (de velocidad desconocida) y n-1 (de velocidad colocida):

$$\frac{\Delta u_{n-1}^n}{\Delta z} \cong +\frac{g}{fT} \frac{\Delta T}{\Delta y} \rightarrow u_n = u_{n-1} + \frac{g}{f} \cdot \frac{T_n - T_{n-1}}{(T_n + T_{n-1})/2} \cdot \frac{z_n - z_{n-1}}{y_n - y_{n-1}}$$

Y por tanto, aplicándola secuencialmente tenemos:

capa (n)	T_n-T_{n-1} (K)	$(T_n+T_{n+1})/2$ (K)	z_n-z_{n-1} (m)	y_n-y_{n-1} (km)	u_n (m/s)
2	-13,0	291,7	-2000	4000	+12,2 (del oeste)
3	-13,0	278,7	-2000	4000	+14,6 (del oeste)
4	-13,0	265,7	-2000	4000	+17,0 (del oeste)
5	-13,0	252,7	-2000	4000	+19,6 (del oeste)

Vemos que la intensidad de la *Corriente de chorro* aumenta con la altura.

10) La expresión para el almacenamiento de calor, se puede transformar, teniendo en cuenta que la masa total de la atmósfera por unidad de área es $M=p_0/g$, en:

$$\delta Q = \frac{7}{2} \frac{p_0 R_d \Delta T}{g}$$

Por otro lado la expresión para la energía potencial, se puede transformar en una integral en p, teniendo en cuenta la ecuación hidrostática:

$$Ep = \int_0^\infty \rho g z \, dz = -\int_0^\infty \frac{\partial p}{\partial z} z \, dz = -\int_{p_0}^0 z \, dp = \int_0^{p_0} z \, dp$$

El cambio en los límites de integración se ha realizado teniendo en cuenta que la presión en el límite inferior de la atmósfera es $p(z=0) = p_0$ y que la presión en el límite superior es necesariamente nula $p(z \rightarrow \infty) = 0$. Utilizamos ahora el resultado del modelo atmosférico de temperatura constante con la altura (ya empleado en otros ejercicios y que no se volverá a reproducir aquí) para $z(p)$:

$$z(p) = -\frac{R_d T}{g} \ln\left(\frac{p}{p_0}\right)$$

e integrando, teniendo en cuenta que $a=p_0$, tenemos:

$$Ep = -\frac{R_d T}{g} \int_0^{p_0} \ln\left(\frac{p}{p_0}\right) dp = -\frac{R_d T}{g} \left[p \ln\left(\frac{p}{p_0}\right) - p \right]_0^{p_0} = -\frac{R_d T}{g} \left[p_0 \ln\left(\frac{p_0}{p_0}\right) - p_0 - 0 \ln 0 + 0 \right] = \frac{R_d T p_0}{g}$$

Debe tenerse en cuenta que la indeterminación del tipo $0 \cdot (-\infty)$ del tercer miembro del corchete se puede resolver fácilmente por la Regla de L'hôpital:

$$\lim_{p \to 0} p \ln p = \lim_{p \to 0} \frac{\ln p}{(1/p)} = \lim_{p \to 0} \frac{1/p}{-1/p^2} = \lim_{p \to 0} (-p) = 0$$

Otra manera de evaluar *Ep* es retomar el resultado del modelo para la variación vertical de la densidad, introducirlo en la integral inicial e integrar por partes.

$$\rho = \rho_0 e^{-\frac{gz}{R_d T}} \rightarrow Ep = \rho_0 g \int_0^\infty z e^{-\frac{gz}{R_d T}} \, dz = -\rho_0 R_d T \left[e^{-\frac{gz}{R_d T}} \left(z + \frac{R_d T}{g} \right) \right]_0^\infty = p_0 \frac{R_d T}{g}$$

Sea como sea, se obtiene que la energía potencial es proporcional a la temperatura. Por tanto, el cambio en la energía potencial debido al calentamiento será proporcional al cambio de temperatura:

$$\delta Ep = \frac{R_d p_0 \Delta T}{g}$$

Finalmente, para evaluar cuánto contribuye el cambio de energía potencial al cambio de almacenamiento de calor durante el calentamiento, hacemos la relación entre ambas, que rinde:

$$\frac{\delta Ep}{\delta Q} = \frac{\left(\dfrac{p_0 R_d \Delta T}{g} \right)}{\left(\dfrac{7}{2} \dfrac{p_0 R_d \Delta T}{g} \right)} = \frac{2}{7} = 29\%$$

11)A) Bajo la hipótesis de que la atmósfera está en equilibrio térmico, haciendo un balance (Entradas=Salidas) de los términos superiores atmosféricos, obtenemos:

$$344 = 113{,}5 + 3{,}4 + T_3 + 206{,}4 \text{ , de donde } T_3 = 20{,}7 \text{ W·m}^{-2}.$$

Como la superficie terrestre está también en equilibrio térmico, haciendo un balance (Entradas=Salidas) de los términos terrestres, obtenemos:

$$168{,}6 + 366{,}8 = 6{,}8 + E_2 + 113{,}6 \text{ , de donde } E_2 = 415{,}0 \text{ Wm}^{-2}.$$

B) La temperatura de equilibrio terrestre será la correspondiente a un cuerpo negro que emite en el infrarrojo E_2, luego:

$$T_{tierra} = \sqrt[4]{E_2 / \sigma} = 19{,}3°C$$

La temperatura de equilibrio atmosférica será la correspondiente a un cuerpo negro que emite en el infrarrojo una radiación total de $T_3 + 0{,}36 \cdot E_1$, luego:

$$T_{atm} = \sqrt[4]{(T_3 + 0{,}36 \cdot E_1) / \sigma} = -21{,}6°C$$

Ambos valores son coherentes, dadas las limitaciones de este modelo, ya que se asemejan bastante a las temperaturas medias terrestre y atmosférica respectivamente

C) Las condiciones dramáticas futuras son, en lo concerniente a longitud de onda corta: $R_2 = 0; T_2 = 0; A_2 = 168,6 Wm^{-2}$. Para longitud de onda larga tenemos $T_3 = 0$: Volviendo a hacer un balance (Entradas=Salidas) de los términos superiores atmosféricos, obtenemos:

$$0,36 \cdot E_1 = 344 - 113,5 = 230,5 Wm^{-2}$$

Entonces el efecto invernadero (término $0,64 \cdot E_1$) se puede calcular directamente como:

$$0,64 \cdot E_1 = 0,64 \frac{230,5}{0,36} = 409,8 Wm^{-2}.$$

Y ahora haciendo un nuevo balance (Entradas=Salidas) de los términos terrestres, obtenemos:

168,6+409,8=0+E_2+113,6, de donde en este escenario futuro E_2=464,8 Wm^{-2}, es decir, mucho mayor que en la actualidad por lo que se prevé una temperatura de equilibrio de la superficie terrestre mucho mayor:

$$T_{tierra}^{futuro} = \sqrt[4]{E_2^{futuro} / \sigma} = 27,7°C$$

D) El mecanismo que comenzaría a forzarse de forma natural para mitigar el aumento de temperatura sería el ciclo hidrológico, provocando que Q>113,6 W·m^{-2}, ya que netamente eliminaría calor de la superficie terrestre.

12) Para el tramo T≤250 K; α=0,5=cte. la conocida solución de equilibrio es $I(1-\alpha) = \sigma T_{eq}^4 \Rightarrow T_{eq} = \sqrt[4]{I(1-\alpha) / \sigma} = 234,68°K$. Dado que la solución cumple T_{eq}<250 K, la solución es aceptable. Por otro lado, cualquier perturbación en el clima que haga cambiar ligeramente dicha temperatura de equilibrio (bien elevándola o disminuyéndola), no haría cambiar su albedo por lo que la tendencia de la temperatura sería aproximarse a la solución original (por aumento o disminución de radiación de onda larga respectivamente). Por tanto, además de aceptable, es una solución estable.

Para el tramo T≤250 K; α=0,1=cte la solución de equilibrio es $T_{eq} = \sqrt[4]{I(1-\alpha) / \sigma} = 271,83°K$. Dado que la solución cumple T_{eq}>270 K, la solución es aceptable. Igualmente, cualquier perturbación en el clima que haga cambiar ligeramente dicha solución, no haría cambiar su albedo por lo que la temperatura tendería a aproximarse a la solución original: es también una solución estable.

Para el tramo donde el albedo cambia linealmente con la temperatura la expresión a resolver es:

$$I \cdot \left(1 - \frac{275 - T_{eq}}{50}\right) = \sigma T_{eq}^4$$

de donde, despejando la temperatura de equilibrio, se obtiene:

$$-I\frac{225}{50} + I\frac{T_{eq}}{50} = \sigma T_{eq}^4 \rightarrow \frac{50\sigma}{I} T_{eq}^4 - T_{eq} + 225 = 0$$

Comparándola con la expresión dada ax^4-x+b=0 e identificando términos tenemos:

$$x \equiv T_{eq}; \quad a \equiv 50\sigma / I = 8{,}241{\cdot}10^{-9}\,K^{-4}; \quad b = 225K$$

La resolución por iteraciones de la ecuación trascendente $T_{eq} = 8{,}241{\cdot}10^{-9}\,T_{eq}^{4} + 225$ introduciendo como temperatura inicial cualquier temperatura comprendida entre 250 y 270K (por ejemplo la media, 260,00 K) nos lleva a la siguiente sucesión de temperaturas:

260,00; 262,66; 264,23; 265,17; 265,75; 266,10; 266,32; 266,46; 266,54; 266,60; 266,63; 266,65; 266,66; 266,67; 266,67; 266,67........

que converge a la solución $T_{eq} = 266{,}67K$ después de 14 iteraciones (la introducción de cualquier otra temperatura que cumpla 250≤T≤270 K convergería, más pronto o más tarde, ¡a este mismo valor!). Dicha solución es aceptable, ya que se encuentra en el rango de temperaturas especificado en el problema ($250 < 266{,}67 < 270$). El albedo correspondiente (albedo de equilibrio) es $\alpha(T_{eq}) = (275 - 266{,}67) / 50 = 0{,}17$.

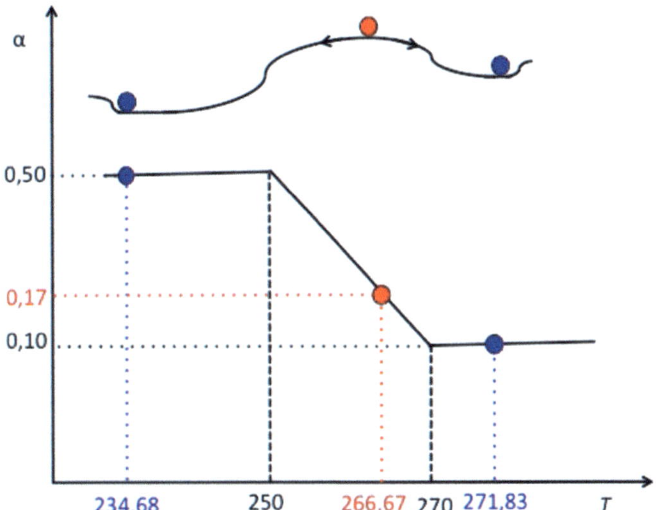

Para el análisis de la estabilidad de esta solución, introducimos una pequeña perturbación positiva en el clima, de manera que T fuera ligeramente mayor de 266,67 K. Esto disminuiría el albedo (a menos de 0,17), lo que haría a su vez aumentar la temperatura de equilibrio del modelo, en lugar de volver al estado de equilibrio, repitiéndose el proceso (retroalimentación positiva). La temperatura de equilibrio terrestre migraría hasta alcanzar los 271,83 (solución estable). Si la perturbación introducida fuera negativa, de manera que T fuera ligeramente menor de 266,67 K, esto aumentaría el albedo (a más de 0,17), lo que haría a su vez disminuir la temperatura de equilibrio del modelo, en lugar de volver al estado de equilibrio y así sucesivamente. La temperatura de equilibrio migraría hasta alcanzar los 234,68 K (solución estable). Es claro que la solución en el tramo lineal es inestable.

13) Para el 1 de junio d_n=152 tenemos que el factor dependiente de la excentricidad orbital y la declinación solar son:

$$E = \left(\frac{\overline{R}_{TS}}{R_{TS}}\right)^{2} = 1 + 0{,}033{\cdot}\cos\!\left(\frac{2\pi{\cdot}(152 - 2)}{360}\right) = 0{,}971$$

$$\delta_S = 23{,}45°\cdot\cos\left(\frac{2\pi\cdot(152-173)}{365}\right) = 21{,}93° = 0{,}383 rad$$

Para dicho día y la latitud de λ=42°=0,733 rad, la hora angular solar en los momentos de orto y ocaso es:

$$h_0 = \arccos(-\tan\delta_S\cdot\tan\lambda) = 1{,}942 rad$$

Con estos datos, calculamos la radiación solar teórica recibida en el exterior de la atmósfera:

$$F = \frac{1}{\pi}S\cdot E\cdot sen\lambda\cdot sen\delta_S\cdot\left(h_0 - \tanh_0\right) = 477W/m^2$$

Comparando este valor con el recibido en la superficie terrestre, tenemos que el porcentaje de radiación que se ha perdido es (477-246)/477=48,4%.

14) Los balances energéticos completos de cada modelo se representan en las figuras:

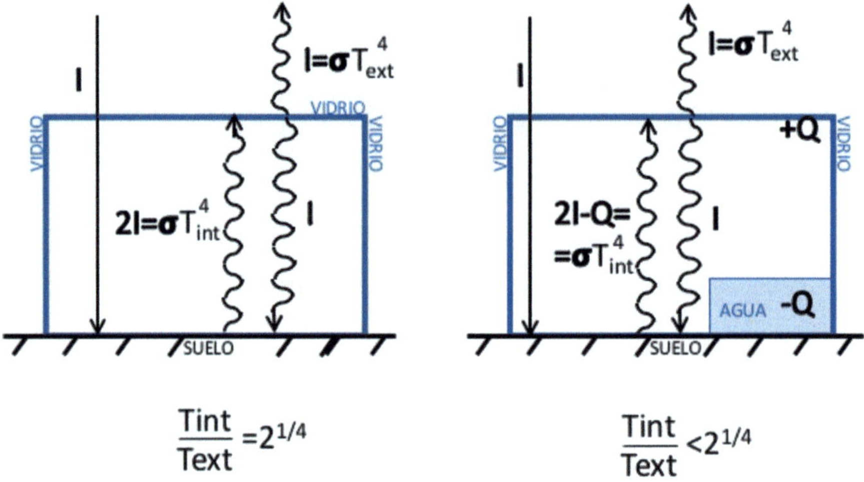

$$\frac{\text{Tint}}{\text{Text}} = 2^{1/4} \qquad\qquad \frac{\text{Tint}}{\text{Text}} < 2^{1/4}$$

A) Realizando un balance de energía (entradas=salidas) en el exterior del invernadero, es evidente que el vidrio debe emitir una energía en larga longitud de onda igual a la que entra en corta longitud de onda (E_{vidrio}=I) por lo que la temperatura exterior del invernadero (tanto en el modelo sin agua como en el modelo con agua) será:

$$T_{ext} = \sqrt[4]{\frac{I}{\sigma}}$$

Como el vidrio caliente emite en larga longitud de onda la misma energía hacia arriba que hacia abajo, entonces hacia abajo enviará también una energía I. El suelo caliente emite una energía en larga longitud de onda que llamaremos E_{suelo} que podemos determinar realizando un balance en el suelo (Entradas=Salidas):

I(corta)+I(larga)= E_{suelo}, luego:

$$E_{suelo} = 2I = \sigma T_{int}^4 \rightarrow T_{int} = \sqrt[4]{\frac{2I}{\sigma}}$$

Y por tanto la relación entre las temperaturas interna y externa será:

$$\frac{T_{int}}{T_{ext}} = \sqrt[4]{2} = 1{,}19 > 1$$

La conclusión es que la temperatura interior es mayor que la exterior (que por cierto es el objeto de utilizar un invernadero).

B) Al introducir el agua (que hace el papel de los océanos en el sistema climático terrestre) se producirá evaporación que, debido al calor latente puesto en juego, lleva aparejado una pérdida de calor del agua que llamaremos -Q. Como el aire no juega ningún papel, esta energía acabará siendo absorbida por el vidrio como +Q. Este calor extra hará que el suelo y el agua emitan conjuntamente menos energía en larga longitud de onda que el suelo en el modelo anterior. En efecto, al realizar de nuevo el balance en el suelo+agua tenemos:

I(corta)+I(larga)-Q= $E_{suelo+agua}$, luego:

$$E_{suelo+agua} = 2I - Q = \sigma T_{int}^4 \rightarrow T_{int} = \sqrt[4]{\frac{2I-Q}{\sigma}}$$

Y la nueva relación entre las temperaturas interna y externa será:

$$\frac{T_{int}}{T_{ext}} = \sqrt[4]{\frac{2I-Q}{I}} = \sqrt[4]{2 - \frac{Q}{I}} < \sqrt[4]{2}$$

Es obvio que el balance en el vidrio en larga longitud de onda (en corta longitud de onda el vidrio es transparente) también es nulo ya que las entradas (2I-Q+Q) son iguales a las salidas (I+I).

Dado que la temperatura externa es la misma en los dos modelos, entonces la temperatura interna es menor en el segundo modelo que en el primero. Como conclusión, la sola presencia de los océanos tiende a atemperar la temperatura media de la Tierra, constituyendo por tanto los océanos un importante regulador climático.

15) A) La capacidad que tiene la tierra emergida para frenar el viento es mayor que la de la superficie del océano.

B) El punto rojo está sobre el océano y a unos 12ºN de latitud y, como las isobaras son zonales, el gradiente de presión es meridional. El ángulo que se desvía el viento real hacia las bajas presiones con respecto a las isobaras (o con respecto al viento geostrófco), así como el módulo del viento real vienen dados por:

$$\theta = atan\left(\frac{r_{oce}}{f}\right) = atan\left(\frac{1{,}0 \cdot 10^{-5}s^{-1}}{3{,}0 \cdot 10^{-5}s^{-1}}\right) = atan\left(\frac{1}{3}\right) = 18º$$

$$V = \frac{fV_{geo}}{\sqrt{f^2 + r^2}} = \frac{1}{\rho_{aire}}\frac{\Delta p/\Delta y}{\sqrt{f^2 + r_{oce}^2}} \cong 23\,m/s$$

donde Δp=200 Pa, $\Delta\lambda \approx 2º \Longrightarrow \Delta y \approx 2{,}2 \cdot 10^5 m$.

C) En los **puntos negros** que estén sobre el océano, el módulo y ángulo del viento real vendrán dados por i) la intensidad y dirección del gradiente de presión, que es inversamente proporcional a la distancia perpendicular entre las isobaras. Efectos de segundo orden son la fricción (a través de r) y la latitud (a través de *f*). De las dos ecuaciones anteriores se infiere que i) El efecto de un aumento de la latitud, provoca que el viento real tenga una θ

menor y un módulo menor; ii) El efecto de un aumento de r (pasar del océano al continente) provoca que el viento real tenga una θ mayor y un módulo menor. En resume, los puntos negros sobre el continente, al tener mayor rozamiento, estarán más girados hacia las bajas presiones, pero un poco menos si la latitud es mayor. Una configuración compatible con este análisis es la siguiente:

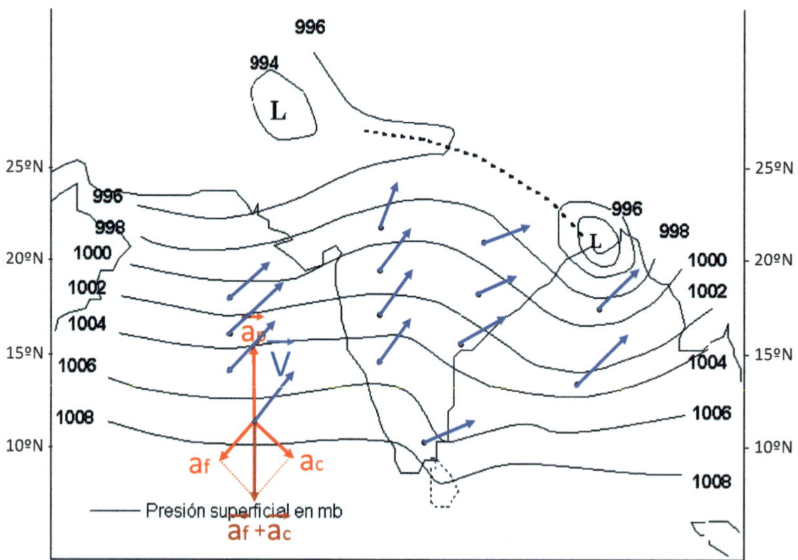

D) Es claro que los vientos provienen fundamentalmente del tercer cuadrante, es decir del SW. Como esta situación atmosférica es un promedio de 6 meses, estamos ante la fase del Monzón del SW que se produce entre los medes de abril/mayo y septiembre.

16)A) El balance de agua dulce será $B = L + R - E = 320 + 230 - 350 = 200 km^3 / año$, **positivo** por lo que la circulación bicapa a gran escala dentro de este sistema debe ser tipo estuarina positiva (entrada de agua por la capa inferor y salida por la superior.

B) Los balances de masa y cantidad sal (entradas=salidas) en estado estacionario son:

$$\rho_1 Q_1 = \rho_2 Q_2 + \rho_B B; \quad \rho_1 Q_1 S_1 = \rho_2 Q_2 S_2 + \rho_B B S_B$$

donde ρ_B es la densidad del agua dulce. Si admitimos que $\rho_1 \cong \rho_2 \approx \rho_B$ las densidades se eliminan (pasamos de balance de masa a balance de volumen). Si además admitimos que el caudal B no lleva sales entonces $S_B = 0$ y el último término de la segunda ecuación se elimina. Con estas hipótesis resulta el sistema:

$$Q_1 = Q_2 + B; \quad Q_1 S_1 = Q_2 S_2$$

C) La solución será:

$$Q_1 = B \frac{S_2}{S_2 - S_1}; \quad Q_2 = B \frac{S_1}{S_2 - S_1}$$

D) Sustituyendo los valores numéricos, tenemos:

$$Q_1 = 200\frac{36}{36-18} = 400km^3 \:/\:a\tilde{n}o; \quad Q_2 = 200\frac{18}{36-18} = 200km^3 \:/\:a\tilde{n}o$$

E) El tiempo de renovación será

$$\tau = \frac{V}{Q_1} = \frac{5,4\cdot10^5 km^3}{400km^3 \:/\:a\tilde{n}o} = 1350 a\tilde{n}os$$

F) En las ecuaciones anteriores vemos que si R disminuye (hasta $320\cdot0,594=190$ km³/año), manteniendose el resto de variables constante, B disminuye (a 70 km³/año), y los caudales de intercambio con el Mediterráneo (dependientes de B) disminuirán (a 140 y 70 km³/año). Por tanto el tiempo de renovación aumentará (hasta 3800 años, un orden de magnitud mayor que la edad de todos los océanos!!), por lo que la degradación ambiental del Mar Negro se hará cada vez mas evidente.

17)A) El balance hidrológico resulta $B=P+R-E=-600$ mm/año. Multiplicando esta velocidad por el área superficial se tiene B$=-4,8\cdot10^4$ m³/s$=-0,05$ Sv. Al ser B<0, la circulación de larga escala será tipo estuario inverso, con entrada superficial de agua por la capa superior y salida por la inferior en el Estrecho de Gibraltar.

B) Discretizando la ecuación del viento térmico, tenemos:

$$\frac{\partial u}{\partial z} = \frac{g}{\rho_0 f}\frac{\partial \rho}{\partial y} \Rightarrow \frac{\Delta u}{\Delta z} = \frac{g}{\rho_0 f}\frac{\Delta \rho}{\Delta y} \Rightarrow \Delta u = \frac{g}{f}\frac{\Delta \rho}{\rho_0}\frac{\Delta z}{\Delta y}$$

donde $f = 2\omega sen35° = 8,34\cdot10^{-5}s^{-1}$, $\Delta u = u_s - u_i$ es la diferencia de velocidades entre las capas superior e inferior, $\Delta \rho / \rho_0 = 0,15\%$ es la diferencia de densidades entre ambas capas, y $\Delta z / \Delta y = (-170+230)m / 12000m = 0,005$ es la pendiente de la interfase de separación entre ambas capas. Por tanto,

$$\Delta u = \frac{9,81ms^{-2}}{8,34\cdot10^{-5}s^{-1}}\cdot0,15\%\cdot0,005 = 0,88m \:/\: s$$

Por otro lado, por continuidad de volumen la suma (Entradas+Salidas=0) tenemos: $u_s A_s + u_i A_i + B = 0$, que junto con la ecuación $u_s - u_i = \Delta u$ forma un sistema de dos ecuaciones con dos incógnitas (u_s, u_i), cuya solución es:

$$u_s = \frac{\begin{vmatrix} \Delta u & -1 \\ -B & A_i \end{vmatrix}}{\begin{vmatrix} 1 & -1 \\ A_s & A_i \end{vmatrix}} = \frac{A_i\Delta u - B}{A_i + A_s}; \quad u_i = \frac{\begin{vmatrix} 1 & \Delta u \\ A_s & -B \end{vmatrix}}{A_i + A_s} = \frac{-B - A_s\Delta u}{A_i + A_s}$$

donde las áreas de intercambio superior e inferior se estiman aproximando la sección superior a un rectángulo y la inferior a un triángulo:

$$A_s = 200m\cdot12000m = 2,4\cdot10^6 m^2; A_i = 0,5\cdot(700-200)m\cdot12000m = 3,0\cdot10^6 m^2$$

la solución es: $u_s = +0,50m \:/\: s; \quad u_i = -0,38m \:/\: s$

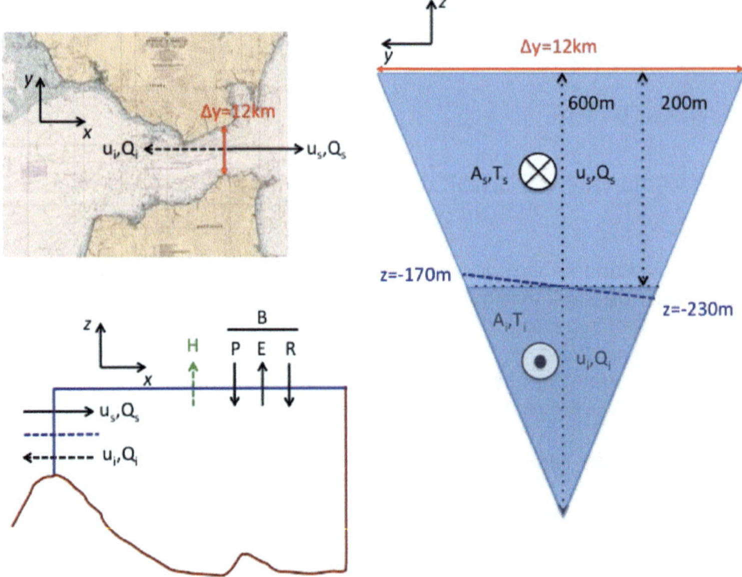

C) Los caudales de intercambio son $Q_s = u_s A_s = 1,20Sv;\quad Q_i = u_i A_i = -1,15Sv$

Resultando muy parecidos en valor absoluto, ya que se se intercambia mucha más agua horizontalmente que verticalmente, ya que B es "solo" -0,05 Sv.

D) El tiempo de renovación es $\tau = V / Q_s \cong 100 años$

E) La energía que entra por la capa superior y la que sale por la capa inferior se pueden estimar, en forma de potencia por unidad de área horizontal como:

$$\left(\frac{Pot}{A}\right)_s = \frac{\rho_s Q_s C_p T_s}{A} ; \left(\frac{Pot}{A}\right)_i = \frac{\rho_i Q_i C_p T_i}{A}$$

como las densidades son muy similares ($\rho_s \cong \rho_i \cong \rho_0 = 1025 kg / m^3$) y además, en este caso los caudales de entrada y salida son tambien muy similares, $Q_s \cong -Q_i \cong 1,2Sv$, el factor más importante que debemos tener en cuenta en este caso es la temperatura. Dado que $T_s > T_i$, entrará más calor del que sale. Cuantificándolos:

$$\left(\frac{Pot}{A}\right)_s + \left(\frac{Pot}{A}\right)_i \cong \frac{\rho_0 C_p}{A}(Q_s T_s + Q_i T_i) =$$

$$= \frac{1025 kg m^{-3} \cdot 4180 J kg^{-1 \circ} C^{-1}}{2,51 \cdot 10^{12} m^2}\left(1,20 \cdot 10^6 \cdot 15,5 - 1,15 \cdot 10^6 \cdot 13,0\right) m^3 s^{-1 \cdot \circ} C = 6,2W / m^2$$

Esta energía necesariamente debe eliminarse por superficie, H=-6,2 W/m^2, para que el Mediterráneo, a larga escala (>100 años), se mantenga a temperatura media constante. Los principales mecanismos que contribuyen a esta pérdida neta de energía por superficie son la evaporación (en forma de calor latente) y la radiación de fondo del océano (en forma de longitud de onda larga), que deben ser 6,2 W/m^2 mayores que la radiación solar (en forma de longitud de onda corta) y la radiación de fondo atmosférica (en forma de longitud de onda larga).

18)A) Partiendo de una situación de mezcla invernal completa a finales del invierno, se está produciendo la formación de la termoclina estacional, debido fundamentalmente al aumento de la insolación, cuya máxima expresión se produce a finales de verano.

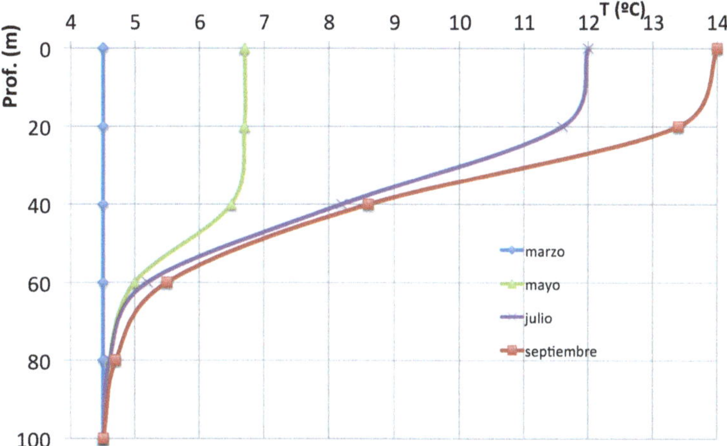

B) La potencia por unidad de área que los primeros 100 m de océano acumula entre cada dos meses consecutivos es:

$$\frac{Pot}{A} = \frac{1}{A}\frac{\Delta E}{\Delta t} = \frac{\rho_0 ADC_p}{A}\frac{(\overline{T}_{mes+2} - \overline{T}_{mes})}{(t_{mes+2} - t_{mes})} = \frac{\rho_0 C_p}{t}(D\overline{T}_{mes+2} - D\overline{T}_{mes})$$

Donde D es la profundidad total y t=2 meses=5,18·10^6 s y los términos $D\overline{T}_{mes}$ son, aplicando el teorema del valor medio y resolviendo las integrales por la regla de los trapecios:

$$D\overline{T}_{mes} = \int_0^D T(z)\,dz \cong \sum_1^5 \frac{(T_j + T_{j+1})}{2}\Delta z$$

Donde $\Delta z = 20m$ es el intervalo de profundidad entre dos datos. La tabla siguiente resume los resultados:

Intervalo profundidad	Integral marzo	Integral mayo	Integral julio	Integral septiembre
m	ºC·m	ºC·m	ºC·m	ºC·m
0-20	90	134	236	274
20-40	90	132	198	220
40-60	90	115	134	141
60-80	90	96	98	102
80-100	90	91	91	92
$D\overline{T}_{mes}$	450	568	757	829
Pot/A	**(W/m2)**	**97,5**	**156,2**	**59,5**

La mayor acumulación de energía se produce de mayo a julio al abarcar la época alrededor del solsticio de verano, cuando la radiación solar es máxima. En la época de julio a septiembre la acumulación es menor debido a que la superficie del océano está más caliente y, actuando como un cuerpo negro, pierde parte de la energía por radiación de fondo que se había acumulado previamente.

19)A) Haciendo un balance de masa (volumen) se obtiene (entradas=salidas) $Q_1=Q_2=20$ Sv. Haciendo un balance de calor (entradas=salidas), obtenemos:

$$C_{sw}\rho_{sw}Q_1 T_1 = H + C_{sw}\rho_{sw}Q_2 T_2 \text{, de donde } H = \rho_{sw}C_{sw}Q_2(T_1 - T_2)\text{, y por tanto:}$$

$$H = 1025 kg \cdot m^{-3} \cdot 4180 J \cdot kg^{-1} \cdot K^{-1} \cdot 20 \cdot 10^6 m^3 s^{-1} \cdot (10-3)K = 6 \cdot 10^{14} W.$$

B) Haciendo ahora que ese calor liberado H una vez distribuido por toda la troposfera incremente su temperatura en cada invierno, tenemos:

$$H = \rho_{sw}C_{sw}Q_2(T_1 - T_2) = \rho_a C_a 4\pi R_t^2 \cdot h \cdot \Delta T_{trop} / \Delta t \rightarrow \Delta T_{trop} = \frac{\rho_{sw}}{\rho_a}\frac{C_{sw}}{C_a}\frac{Q_2 \Delta t}{4\pi R_T^2 \cdot h}(T_1 - T_2) \cong 1,2K$$

donde como la formación del APNA solo sucede en invierno (3 meses) el intervalo de tiempo en segundos que se ha tomado corresponde a:

$$\Delta t = 3 meses \cdot \frac{86400 s / día \cdot 365 días / año}{12 meses / año} = 7,9 \cdot 10^6 s$$

C) La temperatura invernal de la troposfera está en promedio global, 1,2 K más caliente que si el APNA no se formase (es decir, si Q_2 fuese 0). La formación del APNA constituye pues un aporte de calor extra el sistema climático terrestre, pero particularmente para el continente europeo (que goza de inviernos sorprendentemente suaves), debido a que esa extraordinaria cantidad de calor cedido en los inviernos en el Atlántico Norte, se advecta mayoritariamente hacia Europa por los vientos superficiales de Poniente y por la Corriente de Chorro en altura (ver problema 3). En otras palabras, Europa se beneficia más que otras zonas del calor cedido en la formación del APNA, por lo que su temperatura *extra* invernal debe ser aun mayor de esos 1,2 K que la que tendría si el APNA no se formase. Vemos que ΔT_{atm} es directamente proporcional a Q_2 y por tanto podemos hacer también el razonamiento a la inversa: si la formación del APNA se parase (si $Q_2=0$, como evidencia el registro fósil de paleoclimas pasados) la troposfera invernal estaría 1,2 K más fría que en la actualidad, y en Europa posiblemente aún más fría!!

20)A) Vemos que la salinidad siempre aumenta con la profundidad, por lo que el gradiente vertical de salinidad será positivo y ya se puede adelantar que la circulación estuárica será positiva (entrada del agua por la capa inferior fondo y salida por la capa superior). La máxima haloclina se localiza donde el gradiente vertical de salinidad sea máximo. El gradiente, aplicado a una profundidad D lo calculamos discretizando entre las 2 profundidades adyacentes, la inmediatamente superior (D-1) y la inmediatamente inferior (D+1), del siguiente modo:

$$\left(\frac{dS}{dD}\right)_D \cong \left(\frac{\Delta S}{\Delta D}\right)_D = \frac{S(D+1)-S(D-1)}{(D+1)-(D-1)} = \frac{S(D+1)-S(D-1)}{2}$$

ya que siempre $\Delta D = 2m$. La tabla siguiente resume los resultados:

D	$\Delta S / \Delta D$	D	$\Delta S / \Delta D$
(m)	(USP/m)	(m)	(USP/m)
1	0,005	16	0,112
2	0,005	17	0,099
3	0,005	18	0,052
4	0,006	19	0,061
5	0,047	20	0,059

6	0,158	21	0,011
7	0,229	22	0,009
8	0,179	23	0,008
9	0,431	24	0,003
10	0,496	25	0,008
11	0,297	26	0,008
12	0,500	27	0,003
13	0,480	28	0,002
14	0,285	29	0,003
15	0,192		

Vemos que el gradiente máximo se produce en el entorno de los 12 m de profundidad.

B) Para aplicar el modelo de circulación estuárica debemos calcular las salinidades medias de las capas superficial y de fondo. Para estimarlas, en primer lugar debemos calcular la salinidad media del perfil $<S>$ y la profundidad a la que corresponde dicha salinidad media $D_{<S>}$. Aplicando la regla de los trapecios, tenemos:

$$<S> = \frac{\int_0^{30} S\, dD}{\int_0^{30} dD} = \frac{1}{30} \frac{\Delta D}{2} \sum_{D=0}^{29} (S_D + S_{D+1}) = 34,301$$

Donde ahora $\Delta D = 1m$. Observando los datos de la tabla, la salinidad media que hemos calculado se encuentra entre 12 y 13 m. Para estimar la profundidad que le corresponde (que es la profundidad de separación entre las capas superior e inferior), interpolamos linealmente entre dichos niveles:

$$D_{<S>} = 12 + \frac{(13-12)}{(34,689 - 34,025)} \cdot (34,301 - 34,025) = 12,41m$$

Que coincide casi exactamente con la profundidad de la máxima haloclina calculada en el apartado anterior (una característica intrínseca de los estuarios parcialmente mezclados). Para conocer las salinidades medias de los niveles superior e inferior, debemos volver a integrar poniendo el límite en $D_{<S>}$. Para el nivel superior, debemos añadir el trapecio que hay entre 12 y 12,41 m. Para el inferior, debemos añadir el trapecio entre 12,41 y 13 m.

$$<S_{sup}> = \frac{\int_0^{12,41} S\, dD}{\int_0^{12,41} dD} = \frac{1}{12,41}\left[\frac{\Delta D}{2}\sum_{D=0}^{11}(S_D + S_{D+1}) + \frac{(12,41-12)}{2}(S(12)+S(12,41))\right] = 32,549$$

$$<S_{inf}> = \frac{\int_{12,41}^{30} S\, dD}{\int_{12,41}^{30} dD} = \frac{1}{(30-12,41)}\left[\frac{(13-12,41)}{2}(S(12,41)+S(13)) + \frac{\Delta D}{2}\sum_{D=13}^{29}(S_D + S_{D+1})\right] = 35,537$$

Y finalmente aplicamos el modelo de circulación estuárica: Los caudales de los niveles superior (saliente) e inferior (entrante) son:

$$Q_{sup} = R\frac{<S_{inf}>}{<S_{inf}> - <S_{sup}>} = 100m^3/s\,\frac{35,537}{35,537 - 32,549} = 1189m^3/s$$

$$Q_{inf} = R\frac{<S_{sup}>}{<S_{inf}> - <S_{sup}>} = 100m^3/s\,\frac{32,549}{35,537 - 32,549} = 1089m^3/s$$

21) A salinidades mayores de 24,65 USP el agua de mar superficial no puede alcanzar el máximo de densidad teórico al ir disminuyendo su temperatura durante el transcurso del invierno, ya que antes se congela. Este fenómeno ocurre para la totalidad de cuerpos de agua oceánicos, ya que el rango normal para el agua de mar es 33-37 USP. Por tanto, la máxima densidad efectiva del agua superficial oceánica se alcanza justo en el punto de congelación: ¡el tramo de la línea azul para S>24,65 USP no es real! Si dicha densidad máxima es mayor que la densidad subyacente, se iniciarían los procesos convectivos (que dan lugar a la mezcla vertical, formación de masas de agua, etc.) y continuarían una vez formada la capa de hielo, favorecidas además por la expulsión de la sal asociada a la congelación del hielo marino.

A salinidades menores de 24,65 USP (en lagos, zonas salobres, estuarios, etc) el agua superficial, a medida que se va enfriando durante el invierno, puede alcanzar su densidad máxima antes de congelarse. Como dicha densidad es mayor que el agua subyacente, el agua superficial es susceptible de hundirse, iniciandose los procesos convectivos antes de congelarse, es decir, antes que en el océano para las mismas condiciones atmosféricas. Pero si posteriormente la temperatura superficial sigue bajando, la densidad superficial disminuye y entonces deja de ser máxima, permaneciendo el agua en superficie y deteniédose entonces los procesos covectivos, hasta que finalmente se forma el hielo.

22) En ambos casos hay que considerar dos procesos de pérdida de energía, 1) por enfriamiento desde 3°C hasta el punto de congelación correspondiente, y 2) por formación del hielo en forma de calor latente. Como la temperatura final del hielo es la misma que la su punto de congelación no hay que considerar el enfriamiento del hielo. Sin embargo, la cantidad de masa que involucra el proceso 1) es diferente en el caso de agua dulce y agua de mar, según vimos en el problema anterior: como la temperatura inicial y final del agua dulce (3°C-0°C) son ambas inferiores a la temperatura de su máxima densidad (3,98°C), no se van a producir procesos convectivos durante el enfriamiento hasta 0°C (el agua que se va enfriando en superficie es **estable!**), y por tanto para que se forme el hielo no es necesario enfriar toda la columna de agua, sino sólo el primer cm de columna. Para el agua oceánica, como la densidad máxima se alcanza para el punto de congelación, habrá convección vertical y es necesario enfriar TODA la columna de agua en el proceso 1) (hasta su punto de congelación, que es -1,9°C, ver figura) y despues formar 1 cm de capa de hielo. Por tanto, para ambas columnas los procesos que hay que considerar son:

A) Agua dulce:

A1) Enfriamiento del primer cm de columna de 3 a 0°C:

$$Q_{A1} = \rho_w A h_w C_p \Delta T_w = 1000 kg/m^3 \cdot 1m^2 \cdot 0,01m \cdot 4,18 kJ/(kg \cdot K) \cdot 3K = 125 kJ$$

A2) Eliminación del calor latente por formación de 1 cm de capa de hielo "dulce":

$$Q_{A2} = \rho_{hw} A h_{hw} C_h = 917 kg/m^3 \cdot 1m^2 \cdot 0,01m \cdot 334 kJ/kg = 3063 kJ$$

Total: 3188 kJ

B) Agua de mar (S=35 USP):

B1) Enfriamiento de toda la columna (1 m) de 3 a -1,9°C:

$$Q_{B1} = \rho_{sw} A h_{sw} C_p \Delta T_{sw} = 1025 kg/m^3 \cdot 1m^2 \cdot 1m \cdot 4,18 kJ/(kg \cdot K) \cdot 4,9K = 20994 kJ$$

B2) Eliminación del calor latente por formación de 1 cm de capa de hielo marino:

$$Q_{B2} = \rho_{hsw} A h_{sw} C_h = 924 kg/m^3 \cdot 1m^2 \cdot 0,01m \cdot 334 kJ/kg = 3086 kJ$$

Total: 24080 kJ

C) Como consecuencia, para formar hielo marino se requiere eliminar mucha más energía que para formar hielo en, por ejemplo, un lago de profundidad similar. El proceso clave que hace consumir más energía es la convección, que no existe en agua dulce en esas condiciones. Por tanto, para las mismas condiciones de temperatura atmosférica, se genera hielo antes en agua dulce que en agua oceánica.

23) La energía que se absorbe en ambos casos es E=M·Cp·ΔT, donde M es la masa involucrada. Si dividimos por el área de cada compartimento y por el tiempo que dura la absorción, tenemos en ambos casos que la potencia por unidad de area absorbida se puede cuantificar como: E/(At)=(M·Cp·ΔT)/(At). Para cada sistema tenemos:

$$\left(\frac{E}{At}\right)_{oce} = \frac{M_{oce} \cdot Cp_{oce} \cdot \Delta T_{oce}}{A_{oce} \cdot t} = \frac{\rho_{oce} \cdot z \cdot Cp_{oce} \cdot \Delta T_{oce}}{t} = \frac{1025 kgm^{-3} \cdot 100m \cdot 4180 Jkg^{-1}K^{-1} \cdot 5K}{3 meses \cdot 30 días \cdot mes^{-1} \cdot 86400 s \cdot día^{-1}} = 275 Wm^{-2}$$

$$\left(\frac{E}{At}\right)_{atm} = \frac{M_{atm} \cdot Cp_{atm} \cdot \Delta T_{atm}}{A_{atm} \cdot t} = \frac{p_0 \cdot Cp_{atm} \cdot \Delta T_{atm}}{gt} = \frac{101300 kg \cdot m^{-1} \cdot s^{-2} 1005 m^2 \cdot s^{-2} K^{-1} \cdot 20K}{9,81 ms^{-2} \cdot 90 días \cdot 86400 s \cdot día^{-1}} = 26 Wm^{-2}$$

24)A) La serie A es la de 500 m y la B es la de superficie por las siguientes razones: $T_A < T_B$ y A tiene ciclo estacional por estar en superficie y B carece de él por estar lejos de la superficie.

B) El menor gradiente vertical sucede a mediados de marzo y el mayor a mediados de agosto:

$$\left(\frac{dT}{dz}\right)_{marzo} \cong \left(\frac{\Delta T}{\Delta z}\right)_{marzo} = \left(\frac{T_0 - T_{500}}{0 - (-500)}\right)_{marzo} \cong \frac{20,5 - 15}{500} = 0,011 \frac{K}{m}$$

$$\left(\frac{dT}{dz}\right)_{agosto} \cong \left(\frac{\Delta T}{\Delta z}\right)_{agosto} = \left(\frac{T_0 - T_{500}}{0 - (-500)}\right)_{agosto} \cong \frac{27,5 - 15}{500} = 0,025 \frac{K}{m}$$

Durante ese período (primavera-verano) se está sustituyendo la capa de mezcla por la termoclina estacional debido a la intensa insolación.

C) Haciendo uso del Primer Principio de la Termodinámica, tenemos:

$$Q(J) = M \cdot C_{esp} \cdot \Delta T = \rho_0 \cdot V \cdot C_{esp} \cdot \Delta T = \rho_0 \cdot A \cdot \Delta z \cdot C_{esp} \cdot \Delta T$$

Dividiendo por el área superficial A y por el tiempo total desde, groseramente, el 15 de marzo al 15 de agosto, $t = 5 meses$, tenemos:

$$Q(W \cdot m^{-2}) = \frac{\rho_0 \cdot \Delta z \cdot C_{esp}}{t} \cdot \Delta T$$

Donde $\rho_0, \Delta z, C_{esp}, t = ctes$. Como el calor acumulado depende directamente del área entre las dos series temporales (que viene regida por $\Delta T(t)$, cambiante con el tiempo), para aplicar esta expresión debemos aplicar el teorema del valor medio:

$$Q = \frac{\rho_0 \cdot \Delta z \cdot C_{esp} \int_{15/3}^{15/8} \Delta T(t) dt}{t \int_{15/3}^{15/8} dt} = \frac{\rho_0 \cdot \Delta z \cdot C_{esp}}{t^2} \int_{15/3}^{15/8} \Delta T(t) dt$$

e integrar gráficamente. Vamos a dividir la serie temporal en 5 períodos de Δt=1 mes~30 días~*cte*., e ir computando las acumulaciones de calor mes a mes por el método de los trapecios. La temperatura a 500 m puede suponerse constante=15°C. Entonces calor acumulado será:

$$Q = \frac{\rho_0 \cdot \Delta z \cdot C_{esp}}{t^2} \cdot \sum_{15/3}^{15/8} \Delta T(t) \cdot \Delta t$$

Aplicando la regla de los trapecios:

$$Q = \frac{\rho_0 \cdot \Delta z \cdot C_{esp}}{t^2} \cdot \frac{\Delta t}{2} \left[\Delta T_{15/3} + 2 \cdot \left(\Delta T_{15/4} + \Delta T_{15/5} + \Delta T_{15/6} + \Delta T_{15/7}\right) + \Delta T_{15/8}\right]$$

Midiendo en la figura, tenemos:

$$\Delta T_{15/3} = 5{,}5K;\cdot \Delta T_{15/4} = 6{,}0K; \Delta T_{15/5} = 7{,}0K$$
$$\Delta T_{15/6} = 9K; \Delta T_{15/7} = 11K; \Delta T_{15/8} = 12{,}5K \Rightarrow$$
$$\Rightarrow \left[\Delta T_{15/3} + 2 \cdot \left(\Delta T_{15/4} + \Delta T_{15/5} + \Delta T_{15/6} + \Delta T_{15/7}\right) + \Delta T_{15/8}\right] = 84K$$

Entonces la estimación de la acumulación de calor será:

$$Q = \frac{1025kg \cdot m^{-3} \cdot 500m \cdot 4180J \cdot kg^{-1}K^{-1}}{\left(5meses \cdot 30\frac{dias}{mes}\right)^2 \cdot 86400\frac{s}{día}} \cdot \frac{30días}{2} \cdot 84K = 1388Wm^{-2}.$$

D) El valor numérico es muy parecido a la constante solar 1360 W·m⁻², pero esto es solo una coincidencia. Sin embargo, que ambas tengan el mismo orden de magnitud nos indica que la radiación solar es la principal responsable de dicha acumulación de calor, aunque no la única, ya que hay otros términos no despreciables que deben considerarse: pérdida por radiación IR emitida por el océano, ganancia por radiación IR emitida por la atmósfera, pérdida de evaporación (en forma de calor latente) y por reflexión (albedo), así como calor intercambiado por conducción (este término no sabemos a priori si es de ganancia o pérdida).

25)A) Las isobaras son meridionales ($\Delta P / \Delta y = 0$), dejando hacia el este mayores presiones por lo que el gradiente de presión es hacia el Este y $\Delta P / \Delta x > 0$. Por tanto, el viento geostrófico no tiene componente zonal (W_x=0) y es del sur, ya que debe dejar a su derecha las mayores presiones. Tomando la ecuación geostrófica discretizada para la componente meridional del viento (W_y), y teniendo en cuenta que las longitudes oeste son negativas, obtenemos:

$$f = 2\omega sen35° = 8{,}34 \cdot 10^{-5} s^{-1}$$

$$W_{y1} \approx \frac{1}{\rho_a f} \frac{\Delta P}{\Delta x} = \frac{1}{1{,}2kgm^{-3} \cdot 8{,}34 \cdot 10^{-5} s^{-1}} \left[\frac{(1008-1000)hPa \cdot \frac{100kgm^{-2}s^{-2}}{hPa}}{(-20°+28°)\frac{\pi}{180°} \cdot \cos(35°)6{,}371 \cdot 10^6 m}\right] = 11{,}0m/s$$

$$W_{y2} \approx \frac{1}{\rho_a f} \frac{\Delta P}{\Delta x} = \frac{1}{1{,}2kgm^{-3} \cdot 8{,}34 \cdot 10^{-5} s^{-1}} \left[\frac{(1012-1004)hPa \cdot \frac{1kgm^{-2}s^{-2}}{100hPa}}{(-18°+24°)\frac{\pi}{180°} \cdot \cos(35°)6371 \cdot 10^3 m}\right] = 14{,}6m/s$$

Es claro que $W_{y2} > W_{y1}$ compatible con que las isobaras están más juntas en torno al punto 2 que en torno al punto 1.

B) Para las componentes zonales $u_1 = u_1 = 0 \Rightarrow \tau_{x1} = \tau_{x2} = 0$. Para la meridionales:

$$\tau_{y1} = C_d \rho_a \left| W_1 \right| W_{y1} = 0,0014 \cdot 1,2 kg/m^3 \cdot 11^2 m^2/s^2 = 0,20 Pa$$

$$\tau_{y2} = C_d \rho_a \left| W_2 \right| W_{y2} = 0,0014 \cdot 1,2 kg/m^3 \cdot 14,6^2 m^2/s^2 = 0,36 Pa$$

ambas hacia el norte

C) La corriente superficial en ambos puntos está dirigida 45° a la derecha del viento, es decir hacia el NE:

$$u_{01} = \frac{\tau_{y1}}{\rho_0 \sqrt{Kf}} \cos(\pi/4) = \frac{0,20 kgm^{-1}s^{-2}}{1022 kgm^{-3} \sqrt{0,02 m^2 s^{-1} \cdot 8,34 \cdot 10^{-5} s^{-1}}} \frac{\sqrt{2}}{2} = 0,11 m/s$$

$$v_{01} = \frac{\tau_{y1}}{\rho_0 \sqrt{Kf}} sen(\pi/4) = 10,7 cm/s$$

$$u_{02} = \frac{\tau_{y2}}{\rho_0 \sqrt{Kf}} \cos(\pi/4) = \frac{0,36 kgm^{-1}s^{-2}}{1022 kgm^{-3} \sqrt{0,02 m^2 s^{-1} \cdot 8,34 \cdot 10^{-5} s^{-1}}} \frac{\sqrt{2}}{2} = 0,19 cm/s$$

$$v_{02} = \frac{\tau_{y2}}{\rho_0 \sqrt{Kf}} sen(\pi/4) = 0,19 m/s$$

D) Si el viento solo tiene componente meridional, la componente meridional del transporte de Ekman será nula ($M_{y1}=M_{y2}=0$). La componente zonal será:

$$M_{x1} = +\frac{\tau_{y1}}{\rho_0 f} = \frac{0,20 kgm^{-1}s^{-2}}{1022 kgm^{-3} \cdot 8,34 \cdot 10^{-5} s^{-1}} = 2,35 m^2/s$$

$$M_{x2} = +\frac{\tau_{y2}}{\rho_0 f} = \frac{0,36 kgm^{-1}s^{-2}}{1022 kgm^{-3} \cdot 8,34 \cdot 10^{-5} s^{-1}} = 4,22 m^2/s$$

Es decir, hacia el Este (a la derecha del viento). Como $M_{x2} > M_{x1}$, se produce una divergencia en la capa de Ekman.

E) La velocidad vertical en la capa de Ekman se obtiene de la expresión del bombeo, simplificada y discretizada convenientemente:

$$w_{Ekman} = \frac{\partial M_x}{\partial x} + \frac{\partial M_y}{\partial y} = \frac{\partial M_x}{\partial x} \cong \frac{\Delta M_x}{\Delta x} = \frac{M_{x2} - M_{x1}}{x_2 - x_1} =$$

$$= \frac{(4,22 - 2,35) m^2/s}{(-20° + 24°) \dfrac{\pi}{180°} \cdot \cos(35°) 6,371 \cdot 10^6 m} = 5,13 \cdot 10^{-6} m/s = 0,44 m/día$$

Al ser $w_{Ekman} > 0$, se está produciendo un afloramiento.

La figura adjunta resume la información del problema.

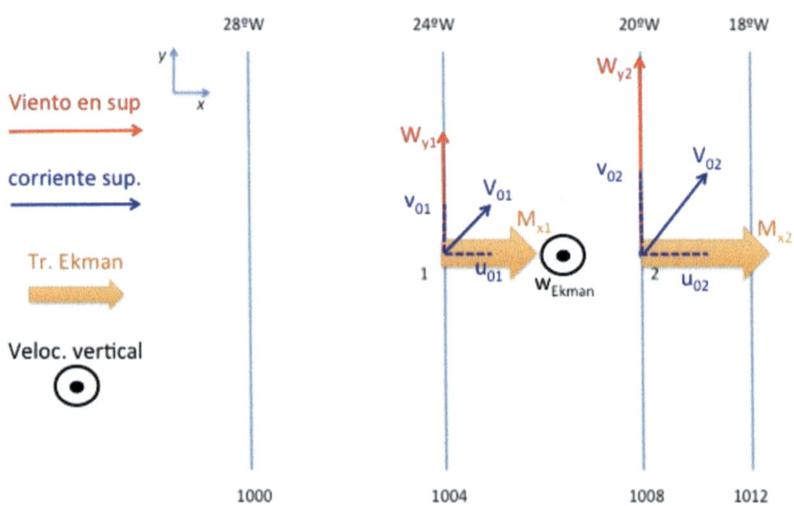

26) A) Al tener el viento solamente una componente (la meridional), entonces $W_x = 0;\quad W_y = -8,5m/s$ y la tensión del viento es:

$$\tau_x = 0; \tau_y = C_d\rho_a|W|W_y = 0,0014\cdot1,2kg/m^3\cdot|-8,5m/s|\cdot(-8,5m/s) = -0,12Pa.$$

B) El transporte de Ekman será, considerando una latitud media para f:

$$M_x = +\frac{\tau_y}{\rho_0 f} = \frac{-0,12kgm^{-1}s^{-2}}{1025kg/m^3\cdot2\cdot7,27\cdot10^{-5}s^{-1}sen(39°)} = -1,31m^2/s \;\;; \;\; M_y = -\frac{\tau_x}{\rho_0 f} = 0$$

es decir, hacia el oeste. Vemos que sus dimensiones no son de un transporte de volumen *al uso* (m³/s), pues le falta incluir la coordenada horizontal perpendicular a la dirección del transporte. Debemos multiplicar por tanto por la distancia sobre la que sopla el viento estimada a partir de la diferencia de latitudes $\Delta\lambda = 43° - 35° = 8°$:

$$M_x(Sv) = M_x(m^2/s)\cdot\left[\Delta\lambda\frac{\pi}{180}R\right] = -1,31\frac{m^2}{s}\cdot890km = -1,17Sv.$$

C) Al transportarse netamente la capa superficial hacia el oeste, hacia fuera de la costa, creará un divergencia en toda la costa ibérica. El agua se reemplazará por agua subsuperficial, fría y con altos valores de nutrientes, fertilizando la capa superficial. Este fenómeno se conoce como afloramiento costero y se define $I\equiv-M_x$ como *índice de afloramiento*. (para que cuando $M_x<0$ resulte $I>0$, afloramiento y lo contrario, hundimiento).

27)A) La tensión del viento zonal en ambas zonas es:

$$\tau_{x,37}^{27} = C_d\cdot\rho_{aire}\cdot|W|W_{x,37}^{27} = 0,0014\cdot1,2kgm^{-3}\cdot5ms^{-1}\cdot(-5)ms^{-1} = -0,042Pa$$

$$\tau_{x,47}^{37} = C_d\cdot\rho_{aire}\cdot|W|W_{x,47}^{37} = 0,0014\cdot1,2kgm^{-3}\cdot5ms^{-1}\cdot(+5)ms^{-1} = +0,042Pa$$

Por tanto, en el rango de latitudes [27-37) soplan los Alisios (del E) y en el (37-47] los vientos de Poniente, mientras que a 37°S se produce el cambio de vientos.

B) Los factores de Coriolis en cada tramo (introduciendo la latitud media) son:

$$f_{37}^{27} = 2\omega sen(-32°) = -7,71 \cdot 10^{-5}\,s^{-1};\ f_{47}^{37} = 2\omega sen(-42°) = -9,73 \cdot 10^{-5}\,s^{-1}$$

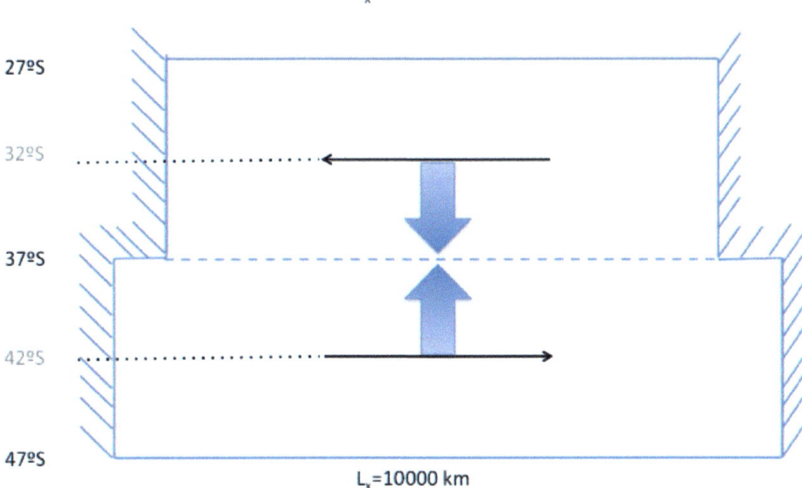

El Transporte de Ekman para ambas zonas será:

$$M_{y,37}^{27}(m^2/s) = -\frac{\tau_{x,37}^{27}}{\rho_{agua}f_{37}^{27}} = -\frac{-0,042kgm^{-1}s^{-2}}{1025kgm^{-3} \cdot (-7,71 \cdot 10^{-5}s^{-1})} = -0,53m^2/s$$

$$M_{y,37}^{27}(Sv) = M_{y,37}^{27}(m^2/s) \cdot L_{x,37}^{27} = 0,53m^2/s \cdot 8 \cdot 10^6 m \cdot 10^{-6} Sv/(m^3/s) = -4,25Sv$$

$$M_{y,47}^{37}(m^2/s) = -\frac{\tau_{x,47}^{37}}{\rho_{agua}f_{47}^{37}} = -\frac{+0,042kgm^{-1}s^{-2}}{1025kgm^{-3} \cdot (-9,73 \cdot 10^{-5}s^{-1})} = +0,42m^2/s$$

$$M_{y,47}^{37}(Sv) = M_{y,47}^{37}(m^2/s) \cdot L_{x,47}^{37} = +1,685m^2/s \cdot 10 \cdot 10^6 m \cdot 10^{-6} Sv/(m^3/s) = +4,20Sv$$

Es decir, hacia el sur en la franja norte y hacia el norte en la franja sur (ver figura adjunta). Es claro entonces que en la capa de Ekman superficial se creará una convergencia.

C) La distancia meridional entre los centros de ambas franjas de viento es:

$$\Delta y = y_{32} - y_{42} = (-32°+42°)\pi R/180 = 1110km$$

Y finalmente la velocidad vertical debido a la dinámica de Ekman será:

$$w_{Ekman} = \frac{dM_y}{dy} \cong \frac{\Delta M_y}{\Delta y} = \frac{M_{y,37}^{27} - M_{y,47}^{37}}{y_{32} - y_{42}} = \frac{(-0,53-0,42)m^2/s}{1,11 \cdot 10^6 m} = -8,55 \cdot 10^{-6} m/s = -27,0m/año$$

que se corresponde con un hundimiento, ya que $w_{Ekman} < 0$ en correspondencia con la convergencia horizontal en la capa superficial encontrada en el apartado anterior.

28)A) Al ser un viento del sur, la componente zonal de la tensión del viento es nula. La componente meridional es:

$$\tau_{0y} = C_d \cdot \rho_{aire} \cdot |W| W_x = 0,0015 \cdot 1,22 kgm^{-3} \cdot 10 ms^{-1} \cdot (+10) ms^{-1} = +0,183 Pa$$

B) En 30°N se cumple $f = \omega = 7,27 \cdot 10^{-5} s^{-1}$, luego $D_E = \pi \sqrt{\dfrac{2K}{f}} = \pi \sqrt{\dfrac{2 \cdot 0,022 m^2 s^{-1}}{7,27 \cdot 10^{-5} s^{-1}}} = 77m$

C) Dado que las coordenadas verticales estan en función de D_E, partimos de las siguientes expresiones para las componentes de la velocidad:

$$u(z) = V_0 \, e^{\frac{\pi z}{D_E}} \cos\left(\frac{\pi z}{D_E} + \frac{\pi}{4}\right) \quad ; \quad v(z) = V_0 \, e^{\frac{\pi z}{D_E}} sen\left(\frac{\pi z}{D_E} + \frac{\pi}{4}\right)$$

Debemos transformar las componentes cartesianas a polares (módulo y sentido). El módulo de la corriente a cualquier nivel, se obtiene aplicando el Teorema de Pitágoras:

$$V(z) = \sqrt{u(z)^2 + v(z)^2} = V_0 \, e^{\frac{\pi z}{D_E}}$$

donde el módulo de la corriente superficial es

$$V_0 = \frac{\tau_{0y}}{\rho_0 \sqrt{Kf}} = \frac{0,183 kgm^{-1} s^{-2}}{1025 kgm^{-3} \sqrt{0,022 m^2 s^{-1} \cdot 7,27 \cdot 10^{-5} s^{-1}}} = 0,140 m/s = 14,0 cm/s$$

El ángulo que forma la corriente superficial con el eje zonal es:

$$\theta(z) = a\tan\left[\frac{v(z)}{u(z)}\right] = a\tan\frac{V_0 \, e^{\frac{\pi z}{D_E}} sen\left(\frac{\pi z}{D_E} + \frac{\pi}{4}\right)}{V_0 \, e^{\frac{\pi z}{D_E}} \cos\left(\frac{\pi z}{D_E} + \frac{\pi}{4}\right)} = a\tan\left[\tan\left(\frac{\pi z}{D_E} + \frac{\pi}{4}\right)\right] = \frac{\pi z}{D_E} + \frac{\pi}{4}$$

Las siguientes tabla y gráfica resumen los resultados obtenidos:

z	$\pi z / D_E$	$u(z)$	$v(z)$	$V(z)$	$\theta(z)$	$\theta(z)$ (°)	sentido
	rad	cm/s	cm/s	cm/s	rad	(°)	*hacia el*
0	0	9,9	9,9	14,0	$\pi/4$	45°	NE
$-D_E/4$	$-\pi/4$	6,4	0,0	6,4	0	0°	E
$-D_E/2$	$-\pi/2$	2,1	-2,1	2,9	$-\pi/4$	-45°	SE
$-3 \cdot D_E/4$	$-3\pi/4$	0,0	-1,3	1,3	$-\pi/2$	-90°	S
$-D_E$	$-\pi$	-0,4	-0,4	0,6	$-3\pi/4$	-135°	SW

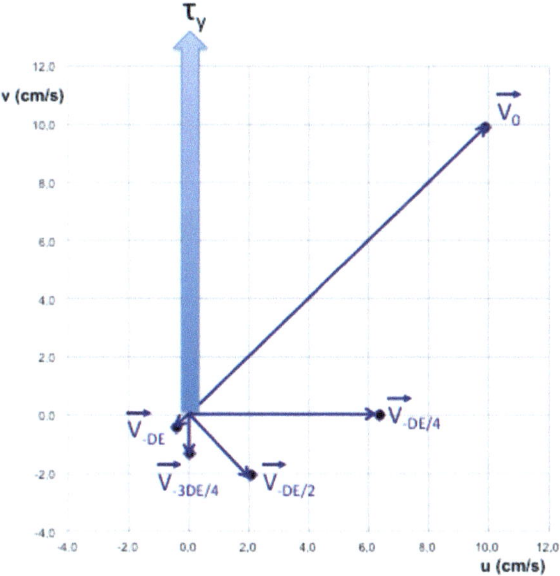

D) Las componentes del transporte en la capa de Ekman aplicando la regla de los trapecios se evalúan con ayuda de los datos de la tabla anterior:

$$M_x = \sum_{j=0}^{4} \frac{\left(u_j + u_{j+1}\right)}{2}\left(z_j - z_{j+1}\right) = \frac{D_E}{8}\sum_{j=0}^{4}\left(u_j + u_{j+1}\right) = 2{,}54\,m^2\,/\,s; \quad M_y = \frac{D_E}{8}\sum_{j=0}^{4}\left(v_j + v_{j+1}\right) = 0{,}26\,m^2\,/\,s$$

ya que los incrementos verticales son constantes: $\left(z_j - z_{j+1}\right) = D_E\,/\,4$. De las expresiones anteriores obtenemos $\overline{\theta} = a\tan(M_y\,/\,M_x) = 6°$, mientras que la teoría de Ekman rinde las conocidas componentes y sentido:

$$M_x = \frac{\tau_{0y}}{\rho_0 f} = 2{,}46\,m^2\,/\,s; \quad M_y = -\frac{\tau_{0x}}{\rho_0 f} = 0; \quad \overline{\theta} = 0°$$

Por tanto, el método de los trapecios sobreestima tanto el transporte zonal (en 0,09 m²/s o 3,4%) como el meridional (en 0,26 m²/s). El método de los trapecios también sobreestima el sentido del transporte, con un error de 6°. La razón de estas discrepancias es que se ha discretizado la columna de agua en solo 5 niveles, que es una resolución vertical pobre.

E) La corriente zonal media es:

$$\overline{u} = \frac{\displaystyle\int_{-D_E}^{0} u(z)\,dz}{\displaystyle\int_{-D_E}^{0} dz} \approx \frac{M_x}{D_E} = \frac{2{,}46\,m^2\,/\,s}{77m} = 3{,}2\,cm\,/\,s$$

mientras que de la tabla extraemos la corriente zonal en la mitad de la profundidad de Ekman $u(-D_E/2)=2,1$ cm/s. No son iguales porque $u(z)$ decrece exponencialmente con la profundidad (si decreciera linealmente serían iguales).

29) Derivando secuencialmente 4 veces la expresión dada, tenemos:

$$u = V_0 e^{\frac{\pi z}{D_E}} \cos\left(\frac{\pi z}{D_E} + \frac{\pi}{4}\right)$$

$$\frac{\partial u}{\partial z} = \frac{\pi}{D_E} V_0 e^{\frac{\pi z}{D_E}} \left[\cos\left(\frac{\pi z}{D_E} + \frac{\pi}{4}\right) - sen\left(\frac{\pi z}{D_E} + \frac{\pi}{4}\right)\right]$$

$$\frac{\partial^2 u}{\partial z^2} = \left(\frac{\pi}{D_E}\right)^2 V_0 e^{\frac{\pi z}{D_E}} \left[\cos\left(\frac{\pi z}{D_E} + \frac{\pi}{4}\right) - sen\left(\frac{\pi z}{D_E} + \frac{\pi}{4}\right) - sen\left(\frac{\pi z}{D_E} + \frac{\pi}{4}\right) - \cos\left(\frac{\pi z}{D_E} + \frac{\pi}{4}\right)\right]$$

$$\frac{\partial^2 u}{\partial z^2} = -2\left(\frac{\pi}{D_E}\right)^2 V_0 e^{\frac{\pi z}{D_E}} sen\left(\frac{\pi z}{D_E} + \frac{\pi}{4}\right)$$

$$\frac{\partial^3 u}{\partial z^3} = -2\left(\frac{\pi}{D_E}\right)^3 V_0 e^{\frac{\pi z}{D_E}} \left[sen\left(\frac{\pi z}{D_E} + \frac{\pi}{4}\right) + \cos\left(\frac{\pi z}{D_E} + \frac{\pi}{4}\right)\right]$$

$$\frac{\partial^4 u}{\partial z^4} = -2\left(\frac{\pi}{D_E}\right)^4 V_0 e^{\frac{\pi z}{D_E}} \left[sen\left(\frac{\pi z}{D_E} + \frac{\pi}{4}\right) + \cos\left(\frac{\pi z}{D_E} + \frac{\pi}{4}\right) + \cos\left(\frac{\pi z}{D_E} + \frac{\pi}{4}\right) - sen\left(\frac{\pi z}{D_E} + \frac{\pi}{4}\right)\right]$$

$$\frac{\partial^4 u}{\partial z^4} = -4\left(\frac{\pi}{D_E}\right)^4 V_0 e^{\frac{\pi z}{D_E}} \cos\left(\frac{\pi z}{D_E} + \frac{\pi}{4}\right) = -4\left(\frac{\pi}{D_E}\right)^4 u \Rightarrow \frac{\partial^4 u}{\partial z^4} + 4\left(\frac{\pi}{D_E}\right)^4 u = 0$$

Queda para el/la estudiante demostrar lo mismo para *v*.

30) Las tensiones del viento zonal a cada latitud se estiman por la expresión

$$\tau_x = C_d \cdot \rho_{aire} \cdot |W_x| \cdot W_x$$

Los transportes meridionales de Ekman a cada latitud se calculan por la expresión:

$$M_y = \mp \frac{\tau_x}{f(5^\circ N)}$$

Donde el signo - (+) se corresponde con latitudes en el Hemisferio Norte (Sur). Las velocidades verticales en las latitudes intermedias se determinan por el bombeo de Ekman:

$$w_{Ekman} = \frac{dM_y}{dy} \cong \frac{\Delta M_y}{\Delta y}$$

Donde $\Delta y = R \cdot \Delta\lambda(rad) = R \cdot \Delta\lambda^\circ \pi / 180^\circ$. La tabla adjunta resume los cálculos:

Latitud	W_x	τ_x	M_y	Latitud intermedia	ΔM_y	Δy	w_{Ekman}	Diagnóstico
grados	m/s	N/m^2	m^2/s	grados	m^2/s	km	m/día	(cualitativo)
-3	-5,0	-0,042	-3,22					
3	-5,0	-0,042	+3,22	0	+6,45	667	+0,84	afloramiento
7	-4,0	-0,027	+2,06	5	-1,16	445	-0,23	hundimiento
13	-5,0	-0,042	+3,22	10	+1,16	667	+0,15	afloramiento

Hacer constar en primer lugar que las velocidades verticales están sobreestimadas, ya que la teoría de Ekman no se puede aplicar <u>cuantitativamente</u> cerca en la región ecuatorial (tiene una indeterminación de tipo infinito en el ecuador). Por tanto, no podremos realizar demasiadas conclusiones de tipo cuantitativo. Sin embargo, sí podemos interpretar

<u>cualitativamente</u> los movimientos verticales en términos del signo obtenido para la velocidad vertical (positiva=afloramiento, negativa=hundimiento). Vemos por tanto que en el entorno del ecuador geográfico se produce el afloramiento ecuatorial primario; en las cercanías del ecuador meteorológico (5°N) se produce el hundimiento ecuatorial; y finalmente en el entorno de 10°N se produce el afloramiento secundario (con bastante menor velocidad vertical que el primario).

31) Dado que los datos experimentales están expresados en forma polar (θ,V), es necesario transformarlos a coordenadas cartesianas (u,v). Las expresiones de transformación son (ver figura adjunta):

$$u = V \cdot sen\theta; \quad v = V \cdot cos\theta$$

Para calcular la posición (x,y) partimos de las definiciones de las componentes cartesianas de la velocidad: $u \equiv \dfrac{dx}{dt}; \quad v \equiv \dfrac{dy}{dt}$ en las cuales separamos variables e integramos entre 2 tiempos consecutivos cualesquiera de la tabla (genéricamente t_j y t_{j+1}):

$$\int_{x_j}^{x_{j+1}} dx = \int_{t_j}^{t_{j+1}} u\,dt; \quad \int_{y_j}^{y_{j+1}} dy = \int_{t_j}^{t_{j+1}} v\,dt$$

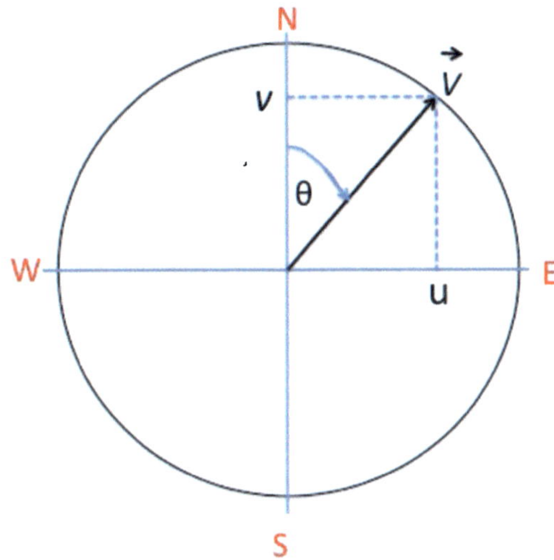

Sabemos que por el teorema del valor medio, en las integrales de la derecha las componentes de la velocidad pueden salir fuera de las integrales como valores medios en cada intervalo, es decir:

$$\int_{x_j}^{x_{j+1}} dx = \bar{u}\int_{t_j}^{t_{j+1}} dt; \quad \int_{y_j}^{y_{j+1}} dy = \bar{v}\int_{t_j}^{t_{j+1}} dt \;\Rightarrow\; x_{j+1} = x_j + \frac{u_{j+1}+u_j}{2}(t_{j+1}-t_j); \quad y_{j+1} = y_j + \frac{v_{j+1}+v_j}{2}(t_{j+1}-t_j)$$

Para el intervalo inicial (j=0, j+1=1, t_0=0), la corriente parte inicialmente del punto x_0=0, y_0=0. Dado que los intervalos de muestreo son constantes: $t_{j+1} - t_j = 10\,min = 600s$.

La tabla y gráfica siguientes muestran los resultados obtenidos:

j	u_j	v_j	x_j	y_j	L_j	j	u_j	v_j	x_j	y_j	L_j
	cm/s	cm/s	km	km	km		cm/s	cm/s	km	km	km
0	3,76	3,98	0,00	0,00	0,00	17	5,70	12,70	0,50	0,84	0,99
1	0,19	4,85	0,01	0,03	0,03	18	6,60	14,01	0,54	0,92	1,08
2	4,27	4,36	0,03	0,05	0,06	19	7,84	13,71	0,58	1,01	1,17
3	4,62	6,11	0,05	0,09	0,10	20	7,35	11,82	0,63	1,08	1,26
4	4,36	7,42	0,08	0,13	0,15	21	4,91	14,02	0,67	1,16	1,35
5	2,55	8,22	0,10	0,17	0,20	22	3,88	14,02	0,69	1,25	1,43
6	6,02	4,75	0,13	0,21	0,25	23	-4,48	8,07	0,69	1,31	1,50
7	6,87	7,92	0,16	0,25	0,30	24	6,79	9,95	0,70	1,37	1,56
8	7,77	7,93	0,21	0,30	0,37	25	4,91	14,02	0,73	1,44	1,64
9	-1,30	9,14	0,23	0,35	0,42	26	2,12	16,28	0,75	1,53	1,73
10	8,86	8,61	0,25	0,40	0,48	27	2,87	16,49	0,77	1,63	1,83
11	2,78	11,40	0,28	0,46	0,55	28	7,44	13,58	0,80	1,72	1,92
12	7,75	6,58	0,32	0,52	0,61	29	7,45	14,64	0,84	1,80	2,02
13	1,88	13,16	0,35	0,58	0,68	30	6,36	15,14	0,89	1,89	2,12
14	8,38	7,29	0,38	0,64	0,75	31	7,28	13,67	0,93	1,98	2,21
15	4,13	14,60	0,41	0,70	0,82	32	5,89	10,15	0,97	2,05	2,30
16	10,03	10,10	0,46	0,78	0,91	33	3,87	4,30	1,00	2,09	2,35

Vector Progresivo 100 m

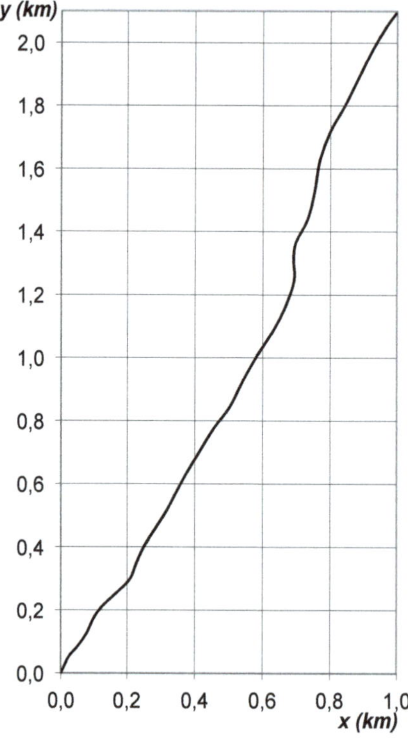

B) Observamos que la partícula virtual se sitúa finalmente (j=33) a una distancia de 1,00 km hacia el este y 2,09 km hacia el norte de la posición inicial, por lo que la distancia a la que está del origen es $D = \sqrt{x_{33}^2 + y_{33}^2} = 2,32 km$. Se ha dirigido fundamentalmente en dirección NNE. Sin embargo, la distancia que recorre la partícula en cada intervalo es:

$$L_{j+1} - L_j = \sqrt{(x_{j+1} - x_j)^2 + (y_{j+1} - y_j)^2} \Rightarrow L_{j+1} = L_j + \sqrt{(x_{j+1} - x_j)^2 + (y_{j+1} - y_j)^2}$$

donde L_0=0. Estas distancias acumuladas que se han calculado en la última columna de la tabla adjunta (en rojo). Resulta finalmente una longitud total de la trayectoria de L=2,35 km. Dado que la trayectoria es casi rectilinea se cumple que $L \approx D$, aunque como no es rectilinea se cumple $L > D$.

32)A) La ecuación que gobierna la transferencia de momento del viento al océano es $\tau = C_d \rho_a W^2$ siendo τ la tensión del viento (con dimensiones de presión), C_d el coeficiente de arrastre, ρ_a la densidad del aire y W la velocidad del viento. Despejando C_d y analizando sus dimensiones tenemos:

$$[C_d] = \left[\frac{\tau}{\rho_a W^2} \right] = \frac{ML^{-1}T^{-2}}{ML^{-3} \cdot (LT^{-1})^2} = \frac{ML^{-1}T^{-2}}{ML^{-1}T^{-2}} = 1$$

Por lo que C_d es adimensional.

B) Dado que la expresión desconocida debe ser coherente dimensionalmente tenemos:

$$[u^*] = LT^{-1} = \left[\tau^a \cdot \rho_0^b \right] = (ML^{-1}T^{-2})^a \cdot (ML^{-3})^b = M^{a+b} \cdot L^{-a-3b} \cdot T^{-2a}$$

igualando exponentes tenemos el sistema sobredeterminado:

$$M : 0 = a + b$$
$$L : 1 = -a - 3b$$
$$T : -1 = -2a$$

de donde $a = 1/2; b = -1/2$ y por tanto la expresión buscada es $u^* = k\sqrt{\dfrac{\tau}{\rho_0}}$, donde k es una constante adimensional.

C) La tensión del viento típica es $\tau = C_d \rho_a W^2 = 0,0014 \cdot 1,2 kg/m^3 \cdot 64 m^2/s^2 \cong 0,1 kgm^{-1}s^{-2}$ y la velocidad típica del agua será entonces:

$$u^* = \sqrt{\frac{\tau}{\rho_0}} = \sqrt{\frac{0,1 kgm^{-1}s^{-2}}{1000 kgm^{-3}}} = \sqrt{10^{-4} m^2 s^{-2}} = 10^{-2} ms^{-1} = 1 cm/s$$

D)
$$u^* = \sqrt{\frac{C_d \rho_a W^2}{\rho_0}} = W\sqrt{\frac{C_d \rho_a}{\rho_0}} \rightarrow \frac{u^*}{W} = \sqrt{\frac{C_d \rho_a}{\rho_0}} = \sqrt{\frac{0,0014 \cdot 1,2}{1000}} = 1,3 \cdot 10^{-3}$$

Que nos dice que la velocidad de la corriente causada por la fricción con el viento es tres órdenes de magnitud inferior a la velocidad del viento.

33) A) El perfil más estable es el B, porque para la misma Δz tiene una mayor $\Delta \rho$ que A.

B) Tomando la referencia en 1000 m, aplicamos la ecuación de Helland-Hansen:

$$V(z) = \frac{g}{f \rho_0 L} h_B(z) \left[\bar{\sigma}_A(z) - \bar{\sigma}_B(z) \right] \text{, donde}$$

$$L = \frac{\pi R_{tierra}}{180°} \sqrt{(35,5° - 35,2°)^2 + (75,0° - 74,6°)^2 (\cos 35,35°)^2} = 49,3 km$$

$$f = 2 \cdot \frac{2\pi}{86400} sen(35,35°) = 8,4 \cdot 10^{-5} s^{-1}$$

La tabla siguiente resume los resultados:

PROF	sigmaA	sigmaB	h_B (z)	V(z)
m	kg/m^3	kg/m^3	m	m/s
0	26,50	26,00	1000	1,15
250	26,88	26,50	750	0,65
500	27,25	27,00	500	0,29
750	27,63	27,50	250	0,07
1000	28,00	28,00	0	0,00

C) Combinando la ecuación de Helland-Hansen anterior con la ecuación geostrófica, aplicadas ambas en la superficie del océano, tenemos

$$V(0) = \frac{g}{f \rho_0 L} h_B(0) \left[\bar{\sigma}_A(0) - \bar{\sigma}_B(0) \right] = \frac{g(h_B - h_A)}{fL} \Rightarrow h_B - h_A = \frac{1}{\rho_0} h_B(0) \left[\bar{\sigma}_A(0) - \bar{\sigma}_B(0) \right] = 49 cm$$

Resulta que la isobara de superficie está casi medio metro más alta en B que en A. Como B está al SE de A, la corriente (dejando a B a su derecha) se dirige hacia el NE en coherencia con la Corriente del Golfo.

D) Aplicando el método de los trapecios e identificando el subíndice *j* con un nivel horizontal determinado (5 niveles de velocidad dan 4 trapecios), tenemos:

$$T = L \sum_{j=1}^{4} \frac{1}{2} \left(V_j + V_{j+1} \right) \left(z_{j+1} - z_j \right)$$

Nos damos ahora cuenta que todas las $\left(z_{j+1} - z_j \right)$ son iguales a 250 m, por lo que salen fuera del sumatorio como factor común. Nos fijamos además en que $V_{1000}=0$ y se simplifica mucho el cálculo:

$$T = \frac{L \cdot (z_{j+1} - z_j)}{2} \cdot \sum_{j=1}^{4} \left(V_j + V_{j+1} \right) = \frac{L \cdot (z_{j+1} - z_j)}{2} \left(V_0 + 2V_{250} + 2V_{500} + 2V_{750} \right) =$$

$$= 49,3 \cdot 10^3 m \cdot 125 m \cdot (1,15 + 2 \cdot 0,65 + 2 \cdot 0,29 + 2 \cdot 0,07) m / s = 19,5 Sv$$

34)A) El modelo geostrófico (sin fricción) asume que la aceleración de presión y la de Coriolis son antiparalelas. Como la aceleración de presión se dispone perpendicularmente a las líneas de altura dinámica (desde mayores a menores alturas), se deduce que la aceleración de Coriolis también se dispone perpendicularmente a las líneas de altura dinámica, pero desde menores a mayores alturas. Como además la aceleración de Coriolis debe disponerse a la derecha de la velocidad (ya que estamos en el HN) la conclusión es que la dirección de la corriente es la marcada por las líneas de altura, y el sentido es tal que deja las mayores alturas dinámicas a la derecha, por tanto, en general tendrá dirección Noreste.

B) Aplicamos la expresión general: $V_g = \Delta\phi/(fD)$ donde en ambos casos se cumple: $\Delta\phi$ =225-210=15 $m^2 \cdot s^{-2}$. Las latitudes de las secciones A y B para introducir en f son respectivamente 24 y 32°N de donde f_A=5,92·10^{-5} s^{-1} y f_B=7,71·10^{-5} s^{-1}. Las distancias se calculan por el arco correspondiente (de paralelo en A y de meridiano en B), resultando ser en ambas D=119 km. Las celeridades resultan V_{gA}=1,95 m/s y V_{gB}=1,64 m/s, bastante altas, al estar afectada esta corriente por el fenómeno de la intensificación occidental.

C) Debe trazarse la sección lo más perpendicularmente posible a las líneas de topografía dinámica y donde las líneas estén más separadas respectivamente (sección roja). Dado que la línea roja es aproximadamente 3 veces mayor que las secciones A y B y está a una latitud intermedia entre ambas, la velocidad mínima será aproximadamente unas 3 veces menor (0,5-0,7 m/s).

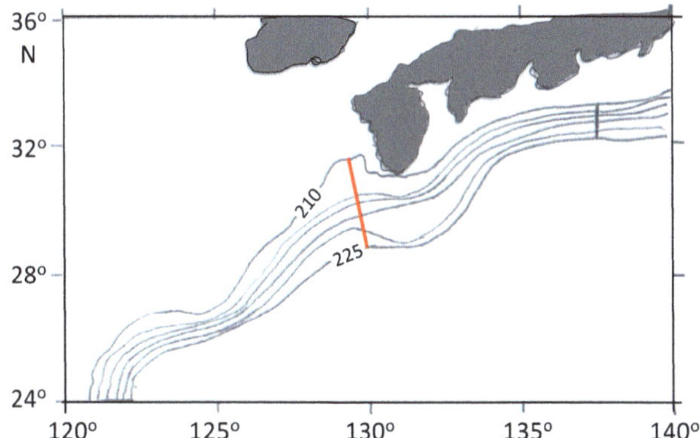

35)A) Dada la ecuación geostrófica $V_g = \Delta\phi/(fD)$, y observando la isobara de 4000 dbar horizontal en toda la sección $\Delta\phi_{4000} = 0$, la tomamos como isobara de referencia y supondremos que a 4000 m la velocidad es nula. La velocidad máxima de la sección, a cada profundidad, se encuentra donde el gradiente de alturas dinámicas $\Delta\phi/D$ sea máximo, es decir, donde la pendiente de cada isobara sea máxima. El rango de latitudes donde esto ocurre es común para las tres isobaras (0, 500, 1000 dbar): entre 46 y 51°S, es decir en las inmediaciones de *Frente Polar Antártico*. Por lo tanto tomamos $\Delta\lambda = 5°$ y la distancia horizontal es común $D = R\pi\Delta\lambda°/180° = 556km$, con R=6370 km. El módulo del factor de Coriolis por tanto tambien es común y se obtiene considerando la latitud media del rango considerado:

$$f = 2\omega sen\bar{\lambda} = 2 \cdot \frac{2\pi}{86400s} sen48,5° = 1,09 \cdot 10^{-4} s^{-1}$$

Midiendo en la escala vertical la alturas dinámicas a las latitudes de 46 y 51°S, tenemos:

$$\Delta\phi_0 = (28-18)m^2 s^{-2} = 10 m^2 s^{-2}$$
$$\Delta\phi_{500} = (20-14)m^2 s^{-2} = 6 m^2 s^{-2}$$
$$\Delta\phi_{1000} = (15-11)m^2 s^{-2} = 4 m^2 s^{-2}$$

Aplicando la ecuación geostrófica se obtiene el módulo de la corriente en cada isobara:

$$V_{g0} = \frac{\Delta\phi_0}{fD} = \frac{10m^2s^{-2}}{1{,}09{\cdot}10^{-4}{\cdot}556{\cdot}10^3\,m}\frac{100cm}{m} = 16{,}5cm/s$$

$$V_{g500} = \frac{\Delta\phi_{500}}{fD} = \frac{6m^2s^{-2}}{1{,}09{\cdot}10^{-4}{\cdot}556{\cdot}10^3\,m}\frac{100cm}{m} = 9{,}9cm/s$$

$$V_{g1000} = \frac{\Delta\phi_{1000}}{fD} = \frac{4m^2s^{-2}}{1{,}09{\cdot}10^{-4}{\cdot}556{\cdot}10^3\,m}\frac{100cm}{m} = 6{,}6cm/s$$

B) Dado que las 3 isobaras están elevadas hacia el norte y sabiendo que en el Hemisferio Sur la corriente deja las isobaras más altas a su izquierda, la corriente se dirige hacia el Este, sentido compatible con la *Corriente Circumpolar Antártica*.

C) La disposición es claramente baroclina ya que la pendiente de las isobaras cambia con la profundidad y por tanto la corriente cambia con la profundidad.

D) Dado que la corriente superficial es solamente en sentido zonal (las velocidades meridionales son nulas) tenemos:

$$\zeta = \frac{\partial v}{\partial x} - \frac{\partial u}{\partial y} = -\frac{\partial u}{\partial y} = -\frac{\Delta u}{\Delta y}$$

Discretizando y teniendo en cuenta que la corriente entre 46 y 51° es nula ya que la pendiente de la isobara superficial es horizontal en dicho rango de latitudes, tenemos:

$$\zeta = -\frac{\Delta u}{\Delta y} = -\frac{u_g^{41-46} - u_g^{46-51}}{y^{43,5} - y^{48,5}} = -\frac{0 - V_{g0}}{R\pi\Delta\lambda/180} = +\frac{16{,}5cm/s}{55{,}6{\cdot}10^6\,cm} = 3{\cdot}10^{-7}s^{-1}$$

Comparada con $f \approx 10^{-5}s^{-1}$ resulta $\zeta \ll f$, compatible con una corriente de larga escala.

36)A) En primer lugar debemos saber las profundidades a las que se encuentran las isopicnas que debemos representar en ambas estaciones, A y B. Esto se realiza por interpolación lineal entre las profundidades adtacentes a las que debe pasar la isopicna:

Isopicna de 24. En ambas estaciones está entre 0 y 200 m:

$$z_{24}^A = 0 + \frac{24 - 23{,}949}{26{,}828 - 23{,}949}(200 - 0) = 4m \;\; ; \;\; z_{24}^B = 0 + \frac{24 - 23{,}646}{26{,}343 - 23{,}646}(200 - 0) = 26m$$

Isopicna de 25. En ambas estaciones está entre 0 y 200 m:

$$z_{25}^A = 0 + \frac{25 - 23{,}949}{26{,}828 - 23{,}949}(200 - 0) = 73m \;\; ; \;\; z_{25}^B = 0 + \frac{25 - 23{,}646}{26{,}343 - 23{,}646}(200 - 0) = 100m$$

Isopicna de 26: En ambas estaciones está entre 0 y 200 m:

$$z_{26}^A = 0 + \frac{26 - 23{,}949}{26{,}828 - 23{,}949}(200 - 0) = 143m \;\; ; \;\; z_{26}^B = 0 + \frac{26 - 23{,}646}{26{,}343 - 23{,}646}(200 - 0) = 175m$$

Isopicna de 27: En la estación A está entre 200 y 400 m, mientras que en la estación B está entre 400 y 600 m:

$$z_{27}^A = 200 + \frac{27 - 26{,}828}{27{,}292 - 26{,}828}(400 - 200) = 274m; \quad z_{27}^B = 400 + \frac{27 - 26{,}460}{27{,}077 - 26{,}460}(600 - 400) = 575m$$

Con todos estos datos representamos la distribución vertical de las isopicnas:

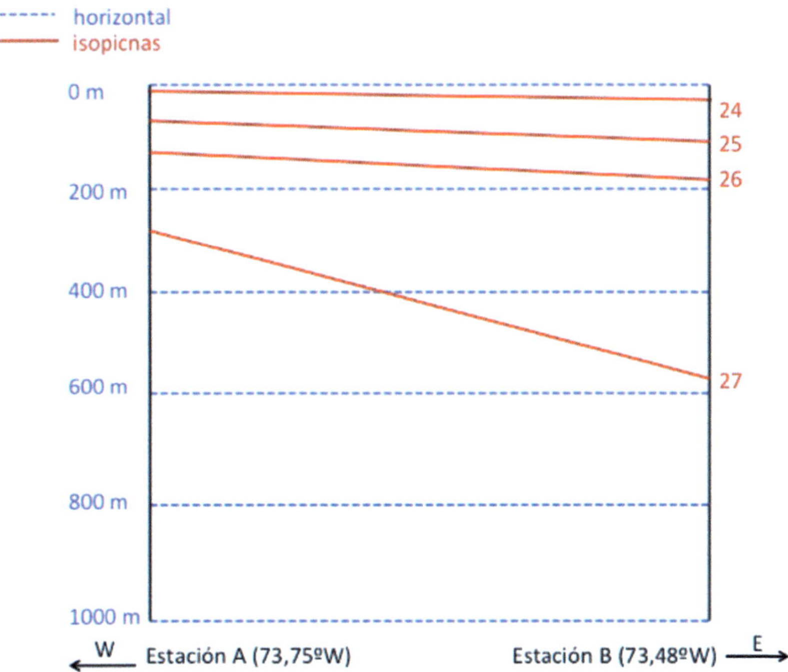

Vemos que la disposición es baroclina al tener todas las isopicnas cierta inclinación y dicha inclinación aumenta con la profundidad. Entre 0 y 200 m se encuentra la picnoclina (isopicnas mas juntas, zona más estable) que está ligeramente mas deprimida hacia el Este (hacia B). La isopicna de 27 está fuertemente deprimida hacia el Este.

B) La estabilidad se puede calcular por la expresión discretizada $E = -(\Delta\sigma / \Delta z)/\rho_0$, donde $\rho_0 = cte$ es densidad de referencia (recuérdese que las z son negativas). Dado que para realizar la discretización consideramos siempre tramos de $\Delta z = -200m = cte$ el tramo más estable será el que tenga mayor $\Delta\sigma$. Tanto en la figura adjunta como de la tabla se desprende que es el tramo 0-200 de la estación A, $\Delta\sigma_A^{0-200} = 26{,}828 - 23{,}949 = 2{,}879 kg / m^3$, seguido por el tramo 0-200 de la estación B $\Delta\sigma_B^{0-200} = 26{,}343 - 23{,}646 = 2{,}697 kg / m^3$. El tramo menos estable es el 800-1000 de la estación A ya que $\Delta\sigma_A^{800-1000} = 0{,}061 kg / m^3$. Como en la figura se observa que en ninguna de las dos columnas de agua se cruza una misma isopicna dos veces, ninguno de los dos perfiles presenta inestabilidades.

C) Aplicamos la ecuación de Helland-Hansen $V_g(z) = \dfrac{g h_B(z)}{\rho_0 f D}\left[\bar{\sigma}_A(z) - \bar{\sigma}_B(z)\right]$ donde las constantes son:

$$g = 9{,}81 m / s^2; \rho_0 = 1025 kg / m^3; f = 2\omega sen(36{,}3°) = 8{,}61 \cdot 10^{-5} s^{-1}$$
$$L = (73{,}75° - 73{,}48°)\pi R \cos(36{,}3°) / 180° = 24{,}2 \cdot 10^3 m$$

Y las variables son:

PROF	<sigmaA>	<sigmaB>	$h_B(z)$	$V(z)$
m	kg/m^3	kg/m^3	m	m/s
0	27,060	26,584	1000	2,19
200	27,478	26,982	800	1,82
400	27,617	27,175	600	1,22
600	27,696	27,378	400	0,58
800	27,730	27,537	200	0,18
1000			0	0

D) $h_B(0) - h_A(0) = \dfrac{h_B(0)}{\rho_0}\left[\bar{\sigma}_A(0) - \bar{\sigma}_B(0)\right] = 46cm$. Al estar más elevada la isobara superficial

hacia B la corriente debe dejar B a su derecha, es decir, ir hacia el norte. Este hecho, debido a los elevados valores de la velocidad y a la zona de trabajo nos indican que se trata de la Corriente del Golfo.

37)A) Dado que las líneas de igual altura son también líneas de corriente geostrófica y como estamos en el Hemisferio Norte, debe ponerse el sentido cada flecha sobre una isolinea en particular de modo que deje a su derecha las isolíneas que tengan mayores valores que ella (ver algunos ejemplos en la figura adjunta).

B) Vemos que la corriente costera tiene un sentido general hacia el norte, compatible con vientos del SE (la corriente superficial debe estar aproximadamente 45° a la derecha del viento) y por tanto el transporte de Ekman es hacia el NE (90° a la derecha del viento), es decir, hacia dentro de las Rías Baixas (en la dirección del eje principal). Es una situación por tanto típica de hundimiento costero y la circulación estuárica de las Rías Baixas se debe invertir (entrada por superficie y salida por fondo) con respecto a la circulación estuárica gravitacional intrínseca (entrada por fondo y salida por superficie).

C) Midiendo con una regla la distancia zonal entre las estaciones A1 y A2 y la distancia zonal entre dos puntos de la escala horizontal del mapa (separados 0,2° de longitud) se encuentra que la distancia angular (en grados de longitud) entre ellas es $\Delta\varphi = 0,13°$. Su distancia real será:

$$D = 0,13° \frac{\pi}{180°} R\cos 42,4 = 10,7km \text{, con } f = 2\omega sen 42,4° = 9,81{\cdot}10^{-5} s^{-1}$$

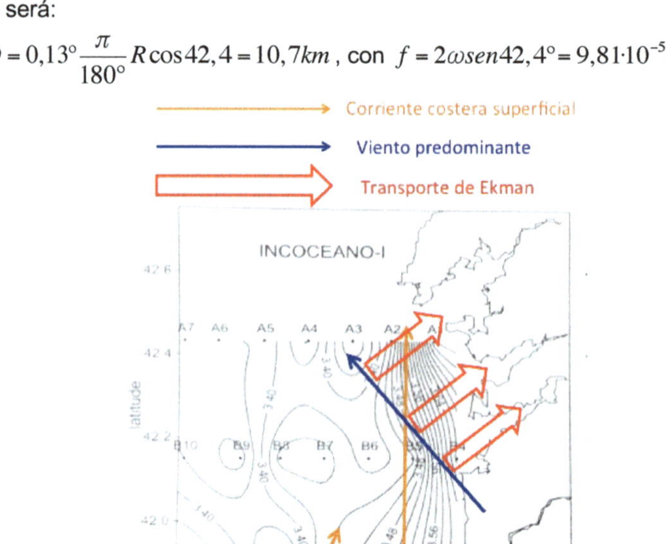

Por otro lado, sobre A1 pasa la línea de 3,74 m²·s⁻², mientras que por A2 pasa la línea de 3,46 m²·s⁻² por lo que $\Delta\phi = 3,74 - 3,46 = 0,28 m^2 s^{-2}$. Aplicando la relación geostrófica:

$$V_{gA1}^{A2} = \frac{\Delta\phi}{fD} = \frac{0,28 m^2 s^{-2}}{9,81 \cdot 10^{-5} s^{-1} \cdot 10,7 \cdot 10^3 m} = 0,26 m/s = 26 cm/s \text{ , hacia el norte.}$$

38)A) Observamos que a lo largo de la sección A, y yendo desde la costa hacia océano abierto, la alturas dinámicas aumentan. La corriente geostrófica, perpendicular a la sección, deja mayores alturas a su derecha, es decir, sale fuera del plano de la sección hacia el observador (sentido SW). La aceleración del gradiente de presión horizontal (**a$_p$**) se dirige desde las mayores a las menores alturas dinámicas (sentido SE) y es opuesta a la aceleración de Coriolis (**a$_c$**, sentido NW). La velocidad geostrófica esta dirigida, además, a la derecha de **a$_c$**.

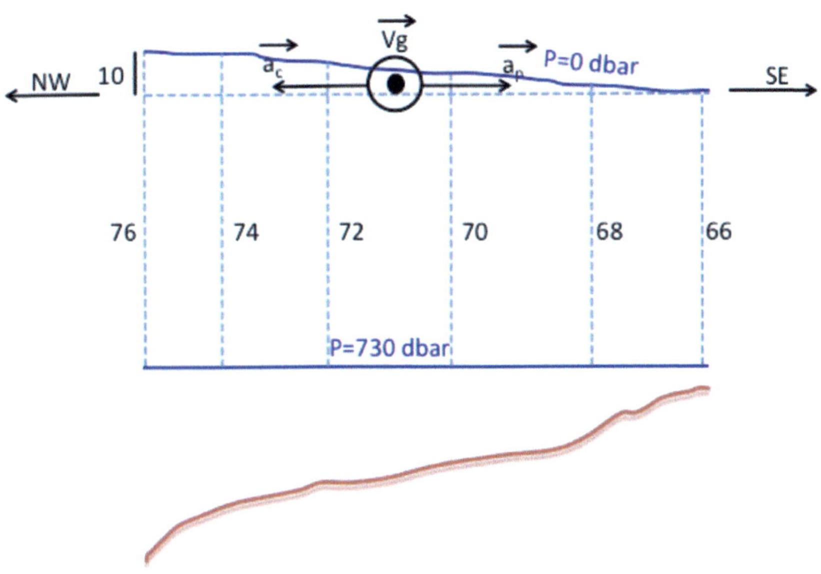

B) Medimos en el mapa las latitudes y longitudes de los extremos de la sección A, así como la latitud media de dicha sección. Con dichos valores computamos la distancia D de la sección, así como el factor de coriolis.

$$\lambda_{78} = 43,84°; \lambda_{68} = 43,39° \Rightarrow \Delta\lambda = 0,45°$$

$$\varphi_{68} = 9,08°; \varphi_{78} = 9,43° \Rightarrow \Delta\varphi = 0,35°$$

$$\bar{\lambda} = 43,63° \Rightarrow f = 2 \cdot 7,27 \cdot 10^{-5} s^{-1} \cdot sen(43,63°) = 1,0 \cdot 10^{-4} s^{-1}$$

$$D = \frac{\pi \cdot 6,37 \cdot 10^6 m}{180°} \sqrt{(0,45)^2 + (0,35 \cdot \cos 43,63)^2} = 57,4 \cdot 10^3 m$$

$$Vg = \frac{\Delta\phi}{fD} = \frac{(78-68) cmdin \cdot \dfrac{1 mdin}{100 cmdin} \cdot \dfrac{10 m^2 s^{-2}}{mdin}}{1,0 \cdot 10^{-4} s^{-1} \cdot 57,4 \cdot 10^3 m} = 0,174 m/s = 17,4 cm/s$$

El sentido de la corriente debe ser paralelo a las líneas de altura dinámica, dejando los valores más altos a la derecha. Por tanto es hacia el SW.

C) De forma general para todo el mapa, estamos observando una corriente costera con componente fundamentalmente hacia el S, producto de un viento de componente fundamentalmente N. El transporte de Ekman diverge de la costa y por tanto se produce afloramiento costero.

39)A) Primeramente fijemos los varores de la altura en los extremos del dominio. Para $r=0$ la altura es $h(0)=0$, mientras que para $r=R$ la altura es $h(R)=h_0\left(1-1/e\right)=1{,}000$ m $> h(0)$, como corresponde a remolino antihorario (frío).

Para cualquier isolínea de altura ($h_{iso}=cte$) comprendida entre los valores $0 \le h_{iso} \le 1m$ tenemos: $h_{iso}=h_0(1-e^{-r^2/R^2})=cte$. De esta expresión despejaremos r para obtener una expresión del radio de la isoínea. El primer paso es $1-h_{iso}/h_0=e^{-r^2/R^2}$, y ahora tomando logaritmos neperianos y despejando r tenemos:

$$\ln\left(1-\frac{h_{iso}}{h_0}\right)=\frac{-r^2}{R^2} \rightarrow r^2=-R^2\ln\left(1-\frac{h_{iso}}{h_0}\right)=cte\,.$$

Por tanto las isobaras son circunferencias concéntricas en el centro del sistema, de radio

$$r=R\sqrt{-\ln\left(1-\frac{h_{iso}}{h_0}\right)}=cte\,.$$

B) Como la corriente geostrófica es paralela a las isolíneas de altura y en este caso éstas son concéntricas, la corriente geostrófica describirá circunferencias concéntricas. Como la altura aumenta radialmente hacia fuera del sistema, la corriente girará en sentido antihorario, ya que dejará las altura mayores a su derecha, siendo su intensidad proporcional a la variación de la altura con r. El valor de la intensidad de la corriente geostrófica a cada r se obtiene utilizando la expresión geostrófica:

$$V_{geo}(r)=\frac{g}{f}\frac{dh(r)}{dr}=\frac{g(-h_0)}{f}\left(\frac{-2r}{R^2}\right)\cdot e^{-r^2/R^2}=\frac{2gh_0}{fR^2}re^{-r^2/R^2}$$

Los valores de la velocidad geostrófica en los extremos del dominio son, para $f=2\omega sen32°=7{,}71\cdot10^{-5}$ s^{-1}:

$$V_{geo}(0)=0$$

$$V_{geo}(R)=\frac{2gh_0}{fR}\cdot\frac{1}{e}=1 \text{ m/s. Pero éste }¡\textbf{no}\text{ es el valor máximo de } V_{geo}!$$

C) El valor de la distancia r donde la corriente geostrófica es máxima se obtiene imponiendo la condición:

$$\frac{dV_{geo}(r)}{dr}=0 \Rightarrow 0=\frac{2gh_0}{fR^2}\left[e^{-r^2/R^2}+re^{-r^2/R^2}\cdot\left(\frac{-2r}{R^2}\right)\right]=\frac{2gh_0}{fR^2}e^{-r^2/R^2}\left(1-\frac{2r^2}{R^2}\right)$$

de donde:

$$1 - \frac{2r^2}{R^2} = 0 \rightarrow r^2 = \frac{R^2}{2} \rightarrow r = \frac{\sqrt{2}}{2} R \approx 0,71R = 106 \text{ km.}$$

El valor de la velocidad geostrófica máxima se obtiene sustituyendo la expresión anterior en la obtenida en el apartado B):

$$V_{g\,max} = V_g(r = R\sqrt{2}/2) = \frac{2gh_0}{fR^2} \cdot \frac{\sqrt{2}}{2} R \cdot e^{-1/2} = \frac{\sqrt{2}gh_0}{fR^2} e^{-1/2} = 1,15 \text{ m/s.}$$

D) Dado que la vorticidad relativa es $\zeta = \partial v_g / \partial x - \partial u_g / \partial y$ tenemos que evaluar primero las componentes de la velocidad geostrófica (u_g, v_g), que por definición son:

$$u_g = -\frac{g}{f}\frac{\partial h}{\partial y} = -\frac{g}{f}\frac{\partial}{\partial y}\left[h_0\left(1 - e^{-\frac{x^2+y^2}{R^2}}\right)\right] = -\frac{2gh_0}{fR^2} ye^{-\frac{x^2+y^2}{R^2}}$$

$$v_g = +\frac{g}{f}\frac{\partial h}{\partial x} = +\frac{g}{f}\frac{\partial}{\partial x}\left[h_0\left(1 - e^{-\frac{x^2+y^2}{R^2}}\right)\right] = +\frac{2gh_0}{fR^2} xe^{-\frac{x^2+y^2}{R^2}}$$

Y ahora realizando las derivadas:

$$\zeta(x,y) = \frac{\partial v_g}{\partial x} - \frac{\partial u_g}{\partial y} = \frac{2gh_0}{fR^2} e^{-\frac{x^2+y^2}{R^2}}\left(1 - \frac{2x^2}{R^2} + 1 - \frac{2y^2}{R^2}\right) = \frac{4gh_0}{fR^2} e^{-\frac{x^2+y^2}{R^2}}\left(1 - \frac{x^2+y^2}{R^2}\right)$$

O bien expresándola en función de r tenemos:

$$\zeta(r) = +\frac{4gh_0}{fR^2} e^{-\frac{r^2}{R^2}}\left(1 - \frac{r^2}{R^2}\right)$$

Que siempre será ≥ 0, como corresponde a un giro antihorario. Los valores en el centro ($r=0$) y en la periferia ($r=R$) del remolino son:

$$\zeta(0) = \frac{4gh_0}{fR^2} = 3,58 \cdot 10^{-5} s^{-1}; \zeta(R) = 0.$$

40)A) Sí es coherente, ya que climáticamente la temperatura superficial a 55ºN es menor que a 45ºN, por lo que la densidad superficial debe ser mayor. Sin embargo, a 1000 m de profundidad no existe la influencia atmosférica y las temperaturas (y por tanto las densidades) se igualan.

B) Dado que estamos tratando con un gradiente de densidad meridional, partimos de la ecuación del viento térmico que contiene dicho término, es decir:

$$\frac{\partial u_g}{\partial z} = \frac{g}{\rho_0 f}\frac{\partial \rho}{\partial y} = \frac{g}{\rho_0 f}\left(\frac{\partial \rho}{\partial y}\right)_0\left(1 - \frac{z}{z_{ref}}\right)$$

Como queremos conocer la velocidad superficial, integramos la expresión anterior entre la superficie y el nivel de referencia z_{ref}=-1000m, donde $u_g(z_{ref})$=0, y $\overline{f}$ es la correspondiente a la latitud media de la sección (50ºN):

$$\int_0^{u_g(0)} \frac{\partial u_g}{\partial z} dz = \frac{g}{\rho_0 \bar{f}} \left(\frac{\partial \rho}{\partial y}\right)_0 \int_{z_{ref}}^{0} \left(1 - \frac{z}{z_{ref}}\right) dz \Rightarrow u_g(0) = \frac{g}{\rho_0 \bar{f}} \left(\frac{\partial \rho}{\partial y}\right)_0 \left[z - \frac{z^2}{2z_{ref}}\right]_{z_{ref}}^{0} = \frac{g}{\rho_0 \bar{f}} \left(\frac{\partial \rho}{\partial y}\right)_0 \left[0 - 0 - z_{ref} + \frac{z_{ref}}{2}\right]$$

El gradiente meridional de densidad en superficie será estimado por discretización de los datos de la figura, por lo que la expresión final nos queda:

$$u_g(0) = -\frac{1}{2} \frac{g}{\rho_0 \bar{f}} \left(\frac{\Delta\rho}{\Delta y}\right)_0 z_{ref} = -\frac{1}{2} \frac{g}{\rho_0 \bar{f}} \frac{(\Delta\rho)_0}{\Delta y} z_{ref}$$

donde:

$$\bar{f} = 2\omega sen 50° = 1,11 \cdot 10^{-4} s^{-1}; \Delta\rho_0 = 26 - 25,5 = 0,5 kgm^{-3}$$

$$\Delta y = \Delta\lambda(rad) \cdot R = (55° - 45°) \frac{\pi}{180°} 6,37 \cdot 10^6 m = 1,11 \cdot 10^6 m$$

Y sustituyendo obtenemos:

$$u_g(0) = -\frac{9,81 ms^{-2}}{2 \cdot 1025 kgm^{-3} \cdot 1,11 \cdot 10^{-4} s^{-1}} \cdot \frac{0,5 kgm^{-3}}{1,11 \cdot 10^6 m} (-1000m) \frac{100 cm}{m} = 1,9 cm/s$$

al ser positiva, indica que discurre hacia el Este. Nótese que la corriente deja menores densidades a su derecha. Se corresponde, por su sentido y la zona oceánica por donde discurre, con la Corriente NorAtlántica.

41) Dado que el gradiente de densidad es Este-Oeste, en el eje *x*, utilizaremos la ecuación del viento térmico que contenga este término (la correspondiente a la velocidad meridional), que discretizaremos convenientemente: la parte izquierda entre la superficie (*z*=0) y el fondo (*z*=-*H*), y la parte derecha entre el agua salada (ρ_{oc}) y el agua dulce (ρ_{dulce}):

$$\frac{\partial v}{\partial z} = -\frac{g}{\rho_{oc} f} \frac{\partial \rho}{\partial x} \Rightarrow \frac{\Delta v}{\Delta z} = -\frac{g}{\rho_{oc} f} \frac{\Delta\rho}{\Delta x} \Rightarrow \frac{v_0 - v_{-H}}{0 - (-H)} = -\frac{g}{\rho_{oc} f} \frac{\rho_{oc} - \rho_{dulce}}{\Delta x}$$

Para una velocidad en el fondo nula ($v_{-H} = 0$) tenemos finalmente:

$$v_0 = -\frac{gH}{\rho_{oc} f} \frac{\sigma_{t,oc}}{\Delta x}$$

Donde precisamente la diferencia de ambas densidades es la sigma-t del agua de mar. Introduciendo las constantes siguientes:

$$H = 20m; f = 2\omega sen 57° = 1,22 \cdot 10^{-4} s^{-1}; \rho_{oc} = 1025 kg \cdot m^{-3}; \sigma_{t,oc} = 25 kg \cdot m^{-3}; \Delta x = 2,5 \cdot 10^4 m$$

Se obtiene una velocidad meridional de $v_0 = -1,6 m/s$, es decir hacia el sur (hacia el observador de la figura adjunta).

42)A) Tomamos como nivel de referencia D_{ref}=2500 m ya que a ese nivel se igualan las densidades. Para calcular el módulo de la corriente a cada profundidad, aplicamos la Ecuación de Helland-Hansen:

$$V(D) = \frac{g}{f \rho_0 L} h_B(D)\left[\bar{\sigma}_A(D) - \bar{\sigma}_B(D)\right]$$

Donde la altura desde el nivel de referencia a cada nivel es simplemente $h_B(D) = D_{ref} - D$.
Para calcular la densidad media de cada estación desde el nivel de referencia hasta cada nivel utilizamos la regla de los trapecios:

$$\bar{\sigma}(D) = \frac{\displaystyle\int_D^{Dref} \sigma(D)\,dD}{\displaystyle\int_D^{Dref} dD} = \frac{1}{\left(D_{ref} - D\right)} \sum_{D_{j=0}}^{Dref} \frac{\sigma(D_j) + \sigma(D_{j+1})}{2}\left(D_{j+1} - D_j\right), \text{ para A y B}$$

B) El transporte tambien se evalúa para cada intervalo aplicando nuevamente la regla de los trapecios, y finalmente para calcular el transporte acumulado se suman los transportes individuales comenzando desde la referencia.

$$T_{Dj}^{Dj+1} = \frac{V(D_j) + V(D_{j+1})}{2}\left(D_{j+1} - D_j\right); \quad T_{acum} = \sum_{Dj=0}^{Dref} T_{Dj}^{Dj+1}$$

Los resultados se muestran en la siguiente tabla:

D(m)	$\bar{\sigma}_A$	$\bar{\sigma}_B$	V_{2500} (m/s)	T(Sv)	T_{acum}(Sv)	h_B-h_A(m)
0	27,178	27,045	1,30	0,78	16,73	0,324
20	27,192	27,058	1,30	1,16	15,95	0,323
50	27,213	27,078	1,29	0,96	14,79	0,321
75	27,230	27,096	1,27	0,95	13,83	0,317
100	27,247	27,113	1,26	1,85	12,88	0,314
150	27,280	27,148	1,21	1,74	11,03	0,302
200	27,308	27,184	1,11	2,99	9,28	0,278
300	27,354	27,252	0,88	3,84	6,29	0,219
500	27,423	27,371	0,40	1,51	2,46	0,100
700	27,478	27,463	0,10	0,42	0,95	0,025
900	27,532	27,526	0,04	0,19	0,53	0,010
1100	27,581	27,577	0,02	0,12	0,34	0,006
1300	27,622	27,618	0,02	0,09	0,22	0,004
1500	27,654	27,651	0,01	0,11	0,13	0,003
2000	27,714	27,713	0,00	0,02	0,02	0,001
2500			0,00	0,00	0,00	0,000

Resultando un transporte integrado de 16,73 Sv. Si hubiésemos tomado como nivel de referencia 1500 m, la velocidad y el transporte acumulado a cualquier nivel se calculan simplemente restando los valores obtenidos a dicha profundidad (marcados en la tabla anterior), es decir:

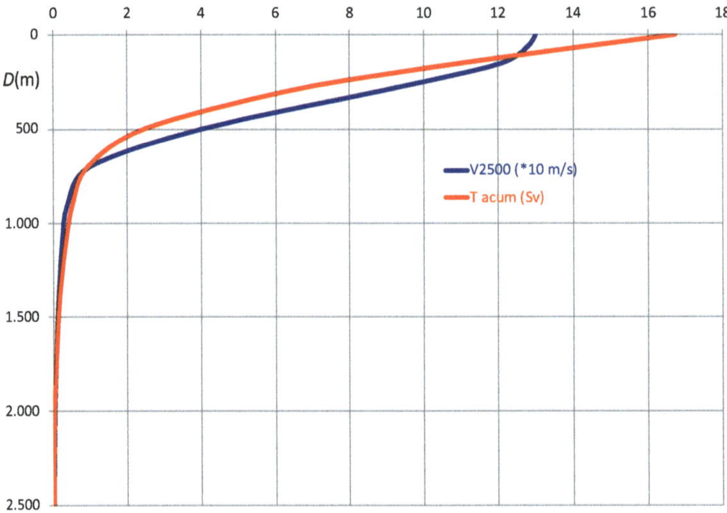

$$V_{1500}(D) = V_{2500}(D) - V_{2500}(1500) = V_{2500}(D) - 0,01 m/s$$

$$T_{acum1500}(D) = T_{acum2500}(D) - T_{acum2500}(1500) = T_{acum2500}(D) - 0,13 Sv$$

que para la superficie (D=0) rinden:

$$V_{1500}(0) = 1,30 - 0,01 = 1,29 m/s; T_{acum1500}(0) = 16,73 - 0,13 = 16,60 Sv.$$

Es decir, hubiésemos cometido erores relativos de 0,8% en ambos casos.

C) La diferencia de alturas que tienen las isobaras a cada nivel es:

$$h_B - h_A = h_B(D)\left[\bar{\sigma}_A(D) - \bar{\sigma}_B(D)\right]$$

los valores se encuentran en la última columna de la tabla anterior. Vemos que en toda la columna son positivos, lo cual se corresponde con que las densidades medias sean mayores en A que en B. Luego se tiene $h_B > h_A$: las isobaras en el el interior del anillo están más elevadas que en el exterior, lo que se corresponde en el hemisferio sur con un giro antihorario (anticiclónico) compatible con un remolino de centro cálido (nótese que $T_B > T_A$).

D) El *Agua Central* se localiza en los TS adjuntos por formar amplios segmentos rectos. En la estación A se encuentra en el rango 200-700 m (N=4). La regresión lineal rinde dT/dS=0,114 K/USP (r^2=0,988). En la estación B se encuentra en el rango 100-700 m (N=6), con dT/dS=0,100 K/USP (r^2=0,9994). Ambas pendientes son similares entre sí y también similares a las de otras regiones de la misma subcuenca.

E) Por la profundidad del núcleo, por tener éste un mínimo de salinidad (en el entorno de 34,47) y estando las estaciones en el Hemisferio Sur, se trata del Agua Intermedia Antártica, formada en el Frente Polar Antártico (zona de alta dilución). Debajo de ella volvemos a tener una recta (ahora de pendiente opuesta a la del Agua Central) debido a la presencia del Agua Circumpolar Antártica.

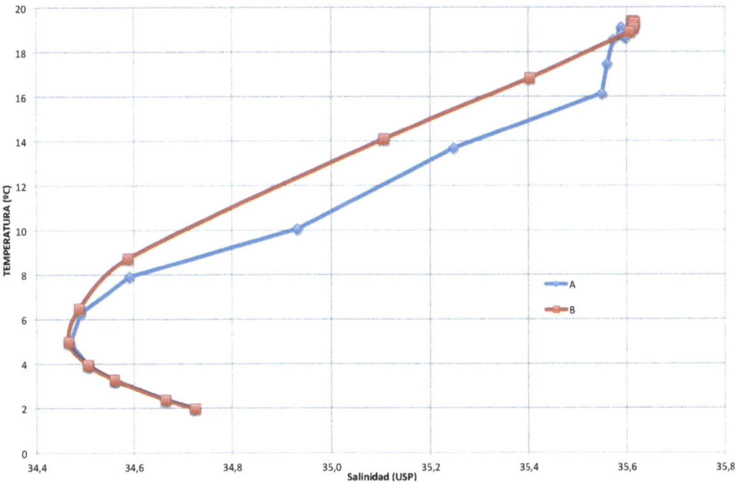

43)A) Despejando $z_{isopicna}(r)$ en la expresión dada tenemos

$$z_{isopicna}(r) = \frac{\rho_0 - \rho}{\delta\rho_z}D + \frac{\delta\rho_r}{\delta\rho_z}\frac{D}{R^2}r^2$$

que es la ecuación de una parábola $z = ar^2 + br + c$ con $a = \frac{\delta\rho_r}{\delta\rho_z}\frac{D}{R^2}; b = 0; c = \frac{\rho_0-\rho}{\delta\rho_z}$. Al ser b=0, las isopicnas son parábolas simétricas con respecto al eje z. Dado que $\delta\rho_z > 0$ ya que la densidad siempre crece al disminuir z y D>0, por ser una profundidad, quien determina el signo de a es $\delta\rho_r$. Si $\delta\rho_r > 0$ tendremos parábolas *en copa* ($\cup$, a>0) y si $\delta\rho_r < 0$ serán parábolas *en capa* ($\cap$, a<0). Todas las isopicnas tienen la misma a, mientras que la ordenada en el origen c sí depende del valor ρ de cada isopicna.

B) Integrando entre la superficie (z=0) y z=-D:

$$\int_{p_D}^{p_a} \frac{\partial p}{\partial z}dz = -g\int_{-D}^{\eta}\left(\rho_0 + \delta\rho_r\frac{r^2}{R^2} - \delta\rho_z\frac{z}{D}\right)dz$$

$$p_a - p_D = -g\left[\left(\rho_0 + \delta\rho_r\frac{r^2}{R^2}\right)(\eta + D) - \frac{\delta\rho_z}{2D}(\eta^2 - (-D)^2)\right]$$

Aplicando la condición $\eta_{(r=0)}$=0:

$$p_a - p_D = -g\left[\rho_0 D - \frac{\delta\rho_z}{2}D\right]$$

e igualando las dos expresiones anteriores:

$$\left(\rho_0 + \delta\rho_r\frac{r^2}{R^2}\right)(\eta + D) - \frac{\delta\rho_z}{2D}(\eta^2 - D^2) = \rho_0 D - \frac{\delta\rho_z}{2}D$$

obtenemos la ecuación de segundo grado en η:

$$\frac{\delta\rho_z}{2D}\eta^2 - \left(\rho_0 + \delta\rho_r\frac{r^2}{R^2}\right)\eta - \delta\rho_r\frac{r^2}{R^2}D = 0$$

con $a = \frac{\delta\rho_z}{2D}; b = -\left(\rho_0 + \delta\rho_r\frac{r^2}{R^2}\right); c = -\delta\rho_r\frac{r^2}{R^2}D$, de la que podemos extraer la raíz:

$$\eta(r) = \frac{D}{\delta\rho_z}\left\{\rho_0 + \delta\rho_r \frac{r^2}{R^2} - \left[\left(\rho_0 + \delta\rho_r \frac{r^2}{R^2}\right)^2 + 2\delta\rho_r\delta\rho_z\frac{r^2}{R^2}\right]^{\frac{1}{2}}\right\}$$

Se ha excluido el signo "+" ya que no cumple la condición $\eta_{(r=0)}=0$. Para las condiciones $\delta\rho_r \ll \rho_0, \delta\rho_z \ll \rho_0$ tenemos que $b \cong -\rho_0 < 0$ y entonces

$$\eta(r) \cong \frac{D}{\delta\rho_z}\left\{\rho_0 - \left[\rho_0^2 + 2\delta\rho_r\delta\rho_z\frac{r^2}{R^2}\right]^{\frac{1}{2}}\right\} \cong \frac{c}{|b|} = \frac{-\delta\rho_r\frac{r^2}{R^2}D}{|-\rho_0|} = -D\frac{\delta\rho_r}{\rho_0}\frac{r^2}{R^2}$$

Es decir, la superficie libre es, con muy buena aproximación, cuadrática con la distancia al eje de giro r. Si $\delta\rho_r > 0$, $\eta(r) \leq 0$ y η disminuye al aumentar r, por lo que el centro del remolino está más elevado que los bordes, y estaríamos ante un remolino horario/anticiclónico, mientras que si $\delta\rho_r < 0, \eta \geq 0$ y η aumenta al aumentar r, por lo que el centro del remolino está más deprimido que los bordes, y estaríamos ante un remolino antihorario/ciclónico.

C) Derivando la expresión anterior obtenemos:

$$v_g(r,0) = \frac{g}{f}\frac{d\eta}{dr} = -\frac{2gD}{fR^2}\frac{\delta\rho_r}{\rho_0}r$$

Es decir, la velocidad geostrófica superficial es lineal con r. Será negativa (giro anticiclónico) si $\delta\rho_r > 0$ y positiva (ciclónico) si $\delta\rho_r < 0$.

D) Utilizando la distribución de densidad dada:

$$\frac{\partial v_g(r,z)}{\partial z} = -\frac{g}{f\rho_0}\frac{\partial}{\partial r}\left(\rho_0 + \delta\rho_r \frac{r^2}{R^2} - \delta\rho_z\frac{z}{D}\right) = -\frac{2g\delta\rho_r}{f\rho_0 R^2}r$$

E integrando verticalmente:

$$\int_{v_g(r,0)}^{v_g(r,z)} \frac{\partial v_g}{\partial z}dz = -\frac{2g\delta\rho_r}{f\rho_0 R^2}r\int_0^z dz \rightarrow v_g(r,z) - v_g(r,0) = -\frac{2g\delta\rho_r}{f\rho_0 R^2}rz$$

Incorporando ahora el valor conocido de $v_g(r,0) = -\frac{2g}{fR^2}\frac{\delta\rho_r}{\rho_0}rD$, tenemos:

$$v_g(r,z) = v_g(r,0) - \frac{2g\delta\rho_r}{f\rho_0 R^2}rz = -\frac{2g}{fR^2}\frac{\delta\rho_r}{\rho_0}r(z+D)$$

Por esta expresión general se comprueba que $v_g(r,-D) = 0$, concordante con que la presión en $z=-D$ es constante (no hay gradiente de presión que soporte la geostrofía). También se comprueba que los valores (absolutos) máximos de la velocidad se producirán en $r=R$ y en $z=0$ (superficie). Las isolíneas de velocidad constante tienen, en el plano z, r, la expresión:

$$z_{v=cte} = -D - \frac{fR^2\rho_0}{2g\delta\rho_r}\cdot\frac{v_g}{r}$$

que son hipérbolas.

E) En las dos figuras siguientes, correspondientes a sendos remolinos anticiclónico/horario ($\delta\rho_r = +1\ kgm^{-3}$, izquierda) y ciclónico/antihorario ($\delta\rho_r = -1\ kgm^{-3}$, derecha) se da toda la información obtenida en los apartados anteriores.

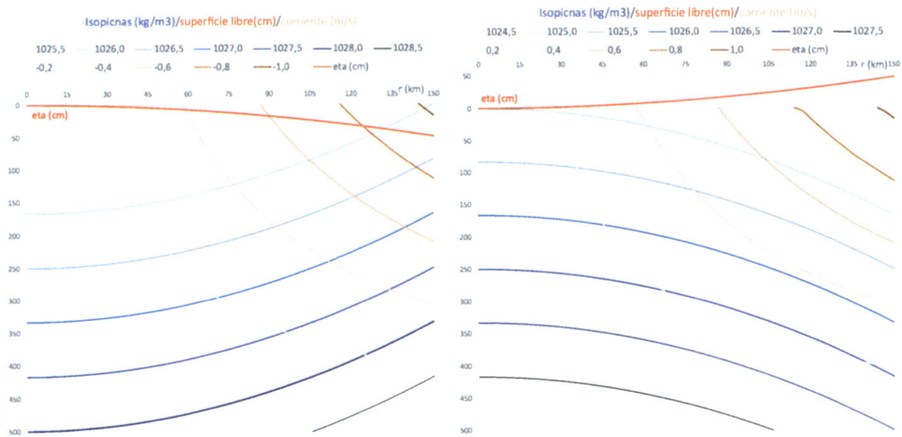

F) Integrando la expresión obtenida en el apartado D) tenemos:

$$T = -\frac{2g}{fR^2}\frac{\delta\rho_r}{\rho_0}\int_{-D}^{0}(z+D)dz\int_{0}^{R}rdr = -\frac{2g}{fR^2}\frac{\delta\rho_r}{\rho_0}\left[\frac{z^2}{2}+Dz\right]_{-D}^{0}\frac{R^2}{2} == -\frac{g}{f}\frac{\delta\rho_r}{\rho_0}\left[\frac{(-D)^2}{2}+D(-D)\right]$$

$$= -\frac{g}{2f}\frac{\delta\rho_r}{\rho_0}D^2 = \mp 19{,}4\ \text{Sv}$$

G) Las energías cinética y potencial son:

$$Ec = \pi\rho_0\left(-\frac{2g}{fR^2}\frac{\delta\rho_r}{\rho_0}\right)^2\int_{0}^{R}r^3dr\int_{-D}^{0}(z+D)^2dz == \frac{4\pi g^2\delta\rho_r^2}{f^2R^4\rho_0}\left[\frac{R^4}{4}\right]\left[\frac{D^3}{3}-D^3+D^3\right] = \frac{\pi g^2\delta\rho_r^2 D^3}{3f^2\rho_0}$$

$$= 3{,}2\cdot 10^{15}\ J$$

$$Ep = 2\pi\rho_0 g\int_{0}^{R}\frac{1}{2}\eta_{(r)}^2 rdr = \pi\rho_0 g\frac{D^2}{R^4}\frac{\delta\rho_r^2}{\rho_0^2}\int_{0}^{R}r^5dr = \frac{\pi g D^2\delta\rho_r^2 R^2}{6\rho_0} = 2{,}8\cdot 10^{13}\ J$$

44) A) Los tipos deben estar ordenados en la vertical en orden creciente de densidades, por tanto A es el tipo "somero", C es el "intermedio" y B es el "profundo".

B) El tipo C se distingue claramente de A y B por tener un máximo de temperatura muy resaltable y un máximo de salinidad (no tan evidente). Por tanto utilizaremos la temperatura como trazador del núcleo de C. Es conveniente fijarse que A y B tienen la misma temperatura tipo. De aquí se deduce que las isotermas son líneas de igual concentración de C, y por tanto, los núcleos de C en cada diagrama coinciden en los puntos donde la T sea máxima. Como la estación **w** es la que tiene el núcleo de C a mayor temperatura y la estación **y** es la que tiene es la que tiene el núcleo de C a menor temperatura, la secuencia de circulación del tipo C es **w-u-v-z-x-y**.

C) Realizando las mediciones de las propiedades termohalinas de los núcleos en **w** y en **y**, tenemos $T(w)=3{,}1°C$; $T(y)=0{,}4°C$. Aplicando el modelo de mezcla conduce al sistema de ecuaciones lineales 3x3:

$$a + b + c = 1$$

$$aT_A + bT_B + cT_C = T$$

$$aS_A + bS_B + cS_C = S$$

Sin embargo, al cumplirse en este caso $T_A = T_B$, el cáculo de c se simplifica enormemente:

$$c = \frac{\begin{vmatrix} 1 & 1 & 1 \\ T_A & T_A & T \\ S_A & S_B & S \end{vmatrix}}{\begin{vmatrix} 1 & 1 & 1 \\ T_A & T_A & T_C \\ S_A & S_B & S_C \end{vmatrix}} = \frac{\begin{vmatrix} 0 & 0 & 1 \\ T_A - T & T_A - T & T \\ S_A - S & S_B - S & S \end{vmatrix}}{\begin{vmatrix} 0 & 0 & 1 \\ T_A - T_C & T_A - T_C & T_C \\ S_A - S_C & S_B - S_C & S_C \end{vmatrix}} = \frac{(T_A - T)(S_B - S - S_A + S)}{(T_A - T_C)(S_B - S - S_A + S)} = \frac{T_A - T}{T_A - T_C}$$

obtiendose c(w)=91%, c(y)=31%, en corresponencia con el apartado anterior.

45)A) El aumento de temperatura estará causado por un forzamiento radiativo extra en forma de perturbación antrópica, debida al fundamentalmente a la acumulación de gases de efecto invernadero en la atmósfera (CO_2, etc.). Para evaluar la potencia por unidad de área que se corresponde con el incremento de temperatura $\Delta T = 1K$, invocamos al Primer Principio de la Termodinámica:

$$\frac{Pot}{A} = \frac{E}{At} = \frac{M \cdot C_p \cdot \Delta T}{At} = \frac{\bar{\rho} \cdot V \cdot C_p \cdot \Delta T}{At} = \frac{\bar{\rho} \cdot z \cdot C_p \cdot \Delta T}{t}$$

donde M, A y z=1000 m son la masa, el área superficial y la profundidad de los 1000 primeros metros de columna de agua, cuya densidad media ($\bar{\rho} \approx 1026,5 kgm^{-3}$) se puede estimar en el diagrama TS adjunto durante la transición **A** (situación Actual) a **F** (situación Futura), separadas entre sí por un tiempo de t=100 años=3,15·10^9 s. $V = A \cdot z$ es el área superficial de los océanos. Por tanto el cálculo del forzamiento extra es:

$$\frac{Pot}{A} = \frac{1026,5 kg \cdot m^{-3} \cdot 1000m \cdot 4180 W \cdot s \cdot kg^{-1} K^{-1}}{3,15 \cdot 10^9 s} = 1,36 Wm^{-2}$$

valor que, aunque es pequeño comparado con los términos de efecto invernadero natural (del orden de E_2=415 Wm^{-2}, véase problema 11) debe tenerse en cuenta para estudios de larga escala temporal.

B) El diagrama TS adjunto muestra el cambio en las propiedades termohalinas desde el escenario actual (A) al futuro (F). Debemos estimar la densidad de los puntos **A** y **F** por interpolación entre las isopicnas adyacentes, midiendo los segmentos correspondientes a lo largo de las líneas verdes, ya que éstas son perpendiculares a las isopicnas (recuérdese que el gradiente de densidad es perpendicular a las isopicnas).

$$\frac{\rho_A - 1026,5}{1027,1 - 1026,5} = \frac{0,75}{1} \Rightarrow \rho_A = 1026,95; \frac{\rho_F - 1025,9}{1026,5 - 1025,9} = \frac{0,17}{1} \Rightarrow \rho_F = 1026,04 \ kg \cdot m^{-3}.$$

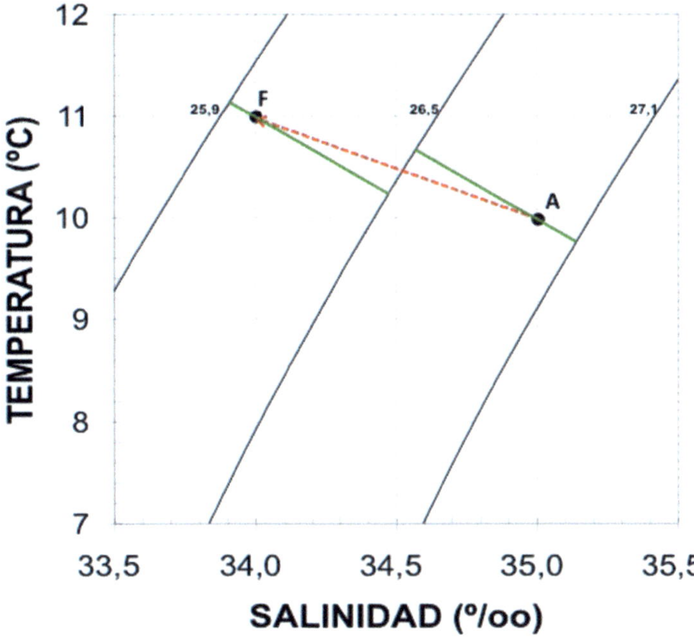

C) La condición de conservación que invocamos para ligar ambos escenarios es que, dado que la salinidad es una propiedad conservativa, la cantidad de sal (C, producto de la masa de los 1000 primeros metros océano por su salinidad media) en los dos escenarios (**A** y **F**) es la misma.

$$C = M_A S_A = \rho_A V_A S_A = \rho_A A z_A S_A = \rho_F A(z_A + \Delta z)S_F \Rightarrow \Delta z = z_A\left(\frac{\rho_A S_A}{\rho_F S_F} - 1\right) = 30m$$

valor, por cierto, sobreestimado en dos órdenes de magnitud (el valor aceptado actualmente es de unos 0,2-0,3 m) debido a que S_B está deliberadamente muy subestimada para este ejercicio.

D) Aunque el ciclo evaporación-precipitación global se vería forzado para intentar contrarrestar el forzamiento radiativo extra comentado en el apartado A), este mecanismo no cambiaría netamente la salinidad media del océano, ya que el agua dulce extra evaporada sobre los océanos (que haría aumentar la salinidad) regresaría al océano como precipitación o aporte continental extra (haciendola disminuir en la misma magnitud). El mecanismo más admisible que haría disminuir netamente la salinidad sería por tanto el deshielo continental (que no tiene mecanismo que lo contrarreste).

E) Admitiendo que todo el exceso de calor se perdería por radiación, la perturbación sigue la ley exponencial decreciente con el tiempo:

$\Delta T(t) = \Delta T_0 \cdot e^{-t/\tau}$, donde $\Delta T(t) / \Delta T_0 = 0,5K / 1K = 1/2$ y el tiempo característico de los z=1000 m superiores de océano es:

$$\tau = \frac{MC_p}{4A\sigma T_e^3} = \frac{\bar{\rho}zC_p}{4\sigma T_e^3}$$

Tomando logaritmos neperianos y despejando el tiempo tenemos:

$$t = -\tau \cdot \ln\left(\frac{\Delta T(t)}{\Delta T_0}\right) = \frac{\bar{\rho}zC_p}{4\sigma T_e^3}\ln 2 = \frac{1026,5kgm^{-3}1000m \cdot 4180Jkg^{-1}K^{-1}}{4 \cdot 5,67 \cdot 10^{-8}Js^{-1}m^{-2}K^{-4} \cdot 293^3 K^3}\ln 2 = 5,21 \cdot 10^8 s = 16,5 años$$

46)A) La resolución del sistema de mezcla binaria $aS_A + bS_B = S; a + b = 1$ nos produce las conocidas expresiones para las contribuciones de los tipos A y B:

$$a = \frac{S_B - S}{S_B - S_A}; b = \frac{S - S_A}{S_B - S_A}$$

Por otro lado, la ecuación de la recta que une ambos tipos en el plano TS es $T = m_{recta} \cdot S + n_{recta}$, donde m_{recta} es la pendiente de la recta y n_{recta} es su ordenada en el origen, ambas constantes. La pendiente se obtiene haciendo el cociente de incrementos:

$$m_{recta} = \frac{T_B - T_A}{S_B - S_A}$$

Introduciendo esta expresión en la ecuación general, se obtiene

$$T = \frac{T_B - T_A}{S_B - S_A} \cdot S + n_{recta}$$

La ordenada en el origen se obtiene despejándola de la expresión anterior, pero tomando como (T,S) cualquiera de los dos puntos extremos (A o B). Por ejemplo, tomando el punto A:

$$T_A = \frac{T_B - T_A}{S_B - S_A} \cdot S_A + n_{recta} \Rightarrow n_{recta} = T_A - \frac{T_B - T_A}{S_B - S_A} \cdot S_A$$

Entonces la ecuación general de la recta $T = m_{recta} \cdot S + n_{recta}$ toma ahora la forma:

$$T = \frac{T_B - T_A}{S_B - S_A} \cdot S + T_A - \frac{T_B - T_A}{S_B - S_A} \cdot S_A = T_A + \frac{T_B - T_A}{S_B - S_A}(S - S_A)$$

Sustituyendo el factor $(S - S_A)/(S_B - S_A) = b$, tenemos finalmente:

$$T = T_A + (T_B - T_A)b = (1 - b)T_A + bT_B = aT_A + bT_B$$

B) La pendiente de la recta es constante e igual a $m_{recta} = (T_B - T_A)/(S_B - S_A)$. La pendiente de la isopicna es variable e igual a $m_{isop} = dT / dS$. El teorema del valor medio nos dice que la pendiente media de la isopicna ($\bar{m}_{isop}$) en el tramo comprendido entre los dos tipos A y B es:

$$\bar{m}_{isop} = \frac{\displaystyle\int_{S_A}^{S_B} m_{isop}\, dS}{\displaystyle\int_{S_A}^{S_B} dS} = \frac{1}{S_B - S_A}\int_{S_A}^{S_B}\frac{dT}{dS}\, dS = \frac{1}{S_B - S_A}\int_{T_A}^{T_B} dT = \frac{T_B - T_A}{S_B - S_A} = m_{recta}$$

C) Llamemos t a la temperatura en °C y T a la temperatura en K. Ambas escalas se relacionan por $T = t + 273,15$. Los determinantes que contienen la temperatura en K y en °C, serían:

$$\Delta_T = \begin{vmatrix} 1 & 1 & 1 \\ T_A & T_B & T_C \\ S_A & S_B & S_C \end{vmatrix} \quad ; \quad \Delta_t = \begin{vmatrix} 1 & 1 & 1 \\ t_A & t_B & t_C \\ S_A & S_B & S_C \end{vmatrix}$$

Introduciendo en el primero de ellos la expresión de cambio de escala, y teniendo en cuenta las propiedades de los determinantes, tenemos:

$$\Delta_T = \begin{vmatrix} 1 & 1 & 1 \\ T_A & T_B & T_C \\ S_A & S_B & S_C \end{vmatrix} = \begin{vmatrix} 1 & 1 & 1 \\ t_A + 273,15 & t_B + 273,15 & t_C + 273,15 \\ S_A & S_B & S_C \end{vmatrix} =$$

$$\begin{vmatrix} 1 & 1 & 1 \\ t_A & t_B & t_C \\ S_A & S_B & S_C \end{vmatrix} + \begin{vmatrix} 1 & 1 & 1 \\ 273,15 & 273,15 & 273,15 \\ S_A & S_B & S_C \end{vmatrix} =$$

$$\begin{vmatrix} 1 & 1 & 1 \\ t_A & t_B & t_C \\ S_A & S_B & S_C \end{vmatrix} + 273,15 \cdot \begin{vmatrix} 1 & 1 & 1 \\ 1 & 1 & 1 \\ S_A & S_B & S_C \end{vmatrix} = \begin{vmatrix} 1 & 1 & 1 \\ t_A & t_B & t_C \\ S_A & S_B & S_C \end{vmatrix} = \Delta_t$$

ya que al tener dos filas iguales $\begin{vmatrix} 1 & 1 & 1 \\ 1 & 1 & 1 \\ S_A & S_B & S_C \end{vmatrix} = 0$

47)A) En el diagrama TS adjunto se colocan los tipos A(S_A,0), B(0,T_B) y C(0,0) y se unen para formar el triángulo de mezcla.

B) se coloca el punto P($S_A/3, T_B/3$) que cae dentro del triángulo, por tanto es mezcla de los tres tipos. Para calcular la contribución de cada tipo (*a, b, c*) en P, el modelo de mezcla rinde:

$$a + b + c = 1$$
$$aS_A + b\cdot 0 + c\cdot 0 = S_A / 3$$
$$a\cdot 0 + b\cdot T_B + c\cdot 0 = T_B / 3$$

De la segunda ecuación sacamos directamente *a*=1/3; de la tercera ecuación sacamos *b*=1/3, y de la primera ecuación sacamos *c*=1-1/3-1/3=1/3.

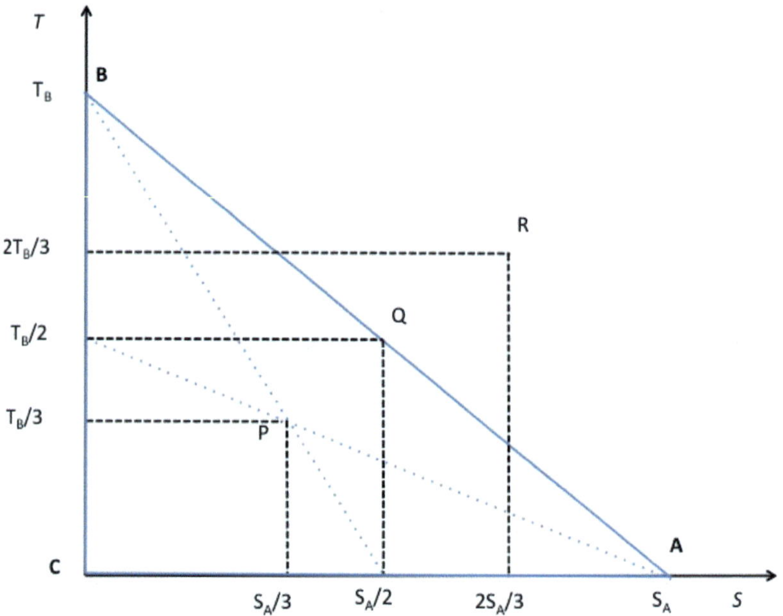

C) Gráficamente: Si unimos B(0,T_B) con P($S_A/3, T_B/3$) la recta tendrá la ecuación $T=n+m\cdot S$. Para B se cumple $T_B=n+m\cdot 0$, luego $T_B=n$. Para P se cumple $T_B/3=T_B+m\cdot S_A/3$, luego m= -$2\cdot T_B/S_A$ y la recta tiene por ecuación $T= T_B-(2\cdot T_B/S_A)\cdot S$ .Si extendemos la recta hasta que corte con el eje horizontal (eje de abcisas, $T=0$) el punto de corte, de la recta con el eje se produce en $S=S_A/2$. Análogamente, si unimos A(S_A,0) con P($S_A/3, T_B/3$) la recta tendrá la ecuación $T=p+q\cdot S$. Para A se cumple $0=p+q\cdot S_A$, luego $q=-p/S_A$. Para P se cumple igualmente $T_B/3= p+q\cdot S_A/3=p-(p/S_A)\cdot(S_A/3)=2p/3$, la ordenada en el origen es por tanto $p= T_B/2$. En definitiva, al unir los tipos A y B con el punto P y extender las rectas hasta el eje contrario, dichas rectas cortan a los ejes a la mitad de los valores de S_A y T_B respectivamente: se cumple la condición geométrica para que el punto P sea el centro de masas o baricentro del triángulo.

Analíticamente: identificamos las masas m_i con *a*, *b* y *c* y calculamos las coordenadas del centro de masas con las expresiones dadas:

$$S_{cdm} = \frac{\sum_{i=1}^{3}\left[S_A\cdot(1/3)+0\cdot(1/3)+0\cdot(1/3)\right]}{\sum_{i=1}^{3}\left[1/3+1/3+1/3\right]} = S_A/3 \;\; ; \;\; T_{cdm} = \frac{\sum_{i=1}^{3}\left[0\cdot(1/3)+T_B\cdot(1/3)+0\cdot(1/3)\right]}{\sum_{i=1}^{3}\left[1/3+1/3+1/3\right]} = T_B/3$$

que son precisamente las coordenadas del punto P, luego P es el centro de masas.

D) El punto $Q(S_A/2, T_B/2)$ vemos que coincide sobre la recta AB, luego no tendrá ninguna contribución de C ($c=0$). El modelo de mezcla de dos componentes nos rinde:

$$a + b = 1$$
$$aS_A + b{\cdot}0 = S_A / 2$$

De la segunda ecuación sacamos directamente $a=1/2$ y de la primera ecuación obtenemos $b=1-1/2=1/2$.

E) No sería posible ya que el punto $R(2{\cdot}S_A/3, 2{\cdot}T_B/3)$ se encuentra fuera del triángulo.

48)

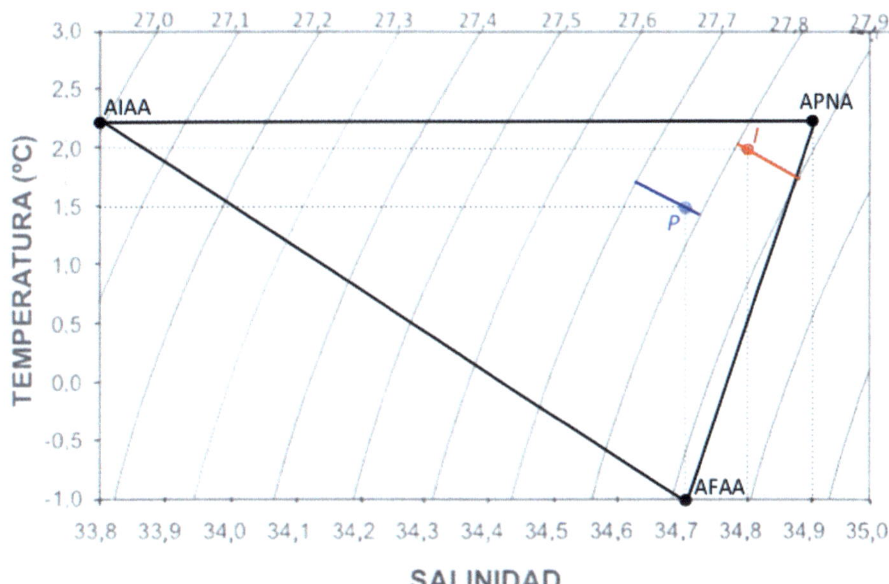

A) Colocamos ambos cuerpos de agua homogéneos en el diagrama TS (puntos *P*, Pacífico, azul e *I*, Indico, rojo) y las densidades las estimamos por interpolación lineal entre las isopicnas adyacentes a cada punto, teniendo cuidado de dibujar los segmentos que las unen (rojo y azul) perpendiculares a las isopicnas. Las interpolaciones rinden:

$$\frac{\sigma_P - 27,7}{27,8 - 27,7} = \frac{0,8}{1} \Rightarrow \sigma_P = 27,78 ; \frac{\sigma_I - 27,8}{27,9 - 27,8} = \frac{0,2}{1} \Rightarrow \sigma_I = 27,82$$

B) Colocamos en el TS los tres tipos dados (puntos negros) y los unimos con rectas de manera que los puntos formen los vértices de un triángulo (triángulo de mezcla). Dado que los puntos I y P están dentro de dicho triángulo la afirmación es correcta.

C) Es claro que el tipo A es el menos denso (alrededor de 27,0) y por tanto será el menos profundo; el tipo C es el más denso (su densidad es mayor de 27,9) y por tanto será el más profundo; mientras que el tipo B es el que tiene una densidad intermendia (menor de 27,9) y por tanto se establecerá en la columna de agua entre el A y el C. Nos fijamos además en que el tipo A es el menos salino (33,80, luego es el *Agua Intermedia Antártica*, AIAA), el tipo B es el más salino (34,90, luego es el *Agua Profunda Noratlántica* APNA) y el tipo C es el más frío (-1,0, luego es el *Agua de Fondo Antártica*, AFAA).

D) De forma cualitativa, al estar I geométricamente más cerca del tipo APNA que P, ya debemos sospechar que la contribución de este tipo va a ser mayor en I que en P. Para Justificarlo cuantitativamente planteamos el modelo de mezcla, calculando las contribuciones de APNA en ambos océanos: $b(I)$ y $b(P)$:

$$b(I) = \dfrac{\begin{vmatrix} 1 & 1 & 1 \\ 33,80 & 34,80 & 34,70 \\ 2,2 & 2,0 & -1,0 \end{vmatrix}}{\begin{vmatrix} 1 & 1 & 1 \\ 33,80 & 34,90 & 34,70 \\ 2,2 & 2,2 & -1,0 \end{vmatrix}} = \dfrac{3,02}{3,52} = 86\% \quad ; \quad b(P) = \dfrac{\begin{vmatrix} 1 & 1 & 1 \\ 33,80 & 34,70 & 34,70 \\ 2,2 & 1,5 & -1,0 \end{vmatrix}}{3,52} = \dfrac{2,25}{3,52} = 64\%$$

E) Las aguas profundas del Índico tienen más contribución de APNA que las aguas profundas del Pacífico debido a que el APNA, una vez recorre la cuenca del Océano Atántico hacia el Sur, entra a formar parte de la Corriente Circumpolar Antártica, que circula en dirección Este, distribuyéndolas en primer lugar por la cuenca de Índico y posteriormente por la cuenca del Pacífico. Es por ello que en las aguas del Índico el APNA está menos mezclada (I está *más cerca* del tipo APNA) y las del Pacífico están más mezcladas (P está *más lejos* del tipo APNA).

49) Nos fijamos en primer lugar que en una mezcla binaria $aS_A + bS_B = S; a + b = 1$ nos produce las conocidas expresiones para las contribuciones de los tipos A y B:

$$a = \frac{S_B - S}{S_B - S_A}; b = \frac{S - S_A}{S_B - S_A}$$

Comparando dichas expresiones con la dada en el texto, tenemos:

$$b = \frac{a}{b} \Rightarrow b = \frac{1 - b}{b}$$

que produce la ecuación de segundo grado en b: $b^2 + b - 1 = 0$, cuya raiz positiva (la raiz negativa carece de significado físico) es:

$$b = \frac{-1 + \sqrt{5}}{2} = 0,618; \quad a = 1 - b = 0,382$$

50)A) El sistema de tres componente tiene como determinante:

$$\Delta = \begin{vmatrix} 1 & 1 & 1 \\ T_A & T_B & T_C \\ S_A & S_B & S_C \end{vmatrix} = \left(T_C S_A - T_A S_C\right) + \left(S_C - S_A\right)T_B + \left(T_A - T_C\right)S_B = 6,471°C \cdot USP$$

La contribución de B , desarrollada por adjuntos de la segunda columna será:

$$b = \dfrac{\begin{vmatrix} 1 & 1 & 1 \\ T_A & T & T_C \\ S_A & S & S_C \end{vmatrix}}{\Delta} = \dfrac{T_C S_A - T_A S_C}{\Delta} + \dfrac{S_C - S_A}{\Delta} T + \dfrac{T_A - T_C}{\Delta} S = \alpha + \beta T + \gamma S$$

de donde:

$$\alpha = \frac{T_C S_A - T_A S_C}{\Delta} = \frac{-266{,}606°C \cdot USP}{6{,}471°C \cdot USP} = -41{,}200$$

$$\beta = \frac{S_C - S_A}{\Delta} = \frac{-0{,}670 USP}{6{,}471°C \cdot USP} = -0{,}104°C^{-1}$$

$$\gamma = \frac{T_A - T_C}{\Delta} = \frac{7{,}70°C}{6{,}471°C \cdot USP} = 1{,}190 USP^{-1}$$

B) Representamos en el diagrama *TS* el triángulo de mezcla; trazamos un segmento recto (en color rojo) que une puntos de igual contribución de AM (*b*=cte) que es paralela al lado ACNA-AM; dicho segmento divide el triángulo en dos zonas: a la *derecha* la contribución de AM es mayor que *b* (estamos más cerca del tipo AM) y a la *izquierda* la contribución de AM es menor que *b*. Trazamos además una isoterma (*T*=cte, en verde) y una isohalina (*S*=cte, en azul). Si vamos de izquierda a derecha por la isoterma, vemos que *S* aumenta y *b* tambien aumenta, luego se debe cumplir γ>0. Si vamos por la isohalina de abajo a arriba entonces *T* aumenta y *b* disminuye, de donde β<0.

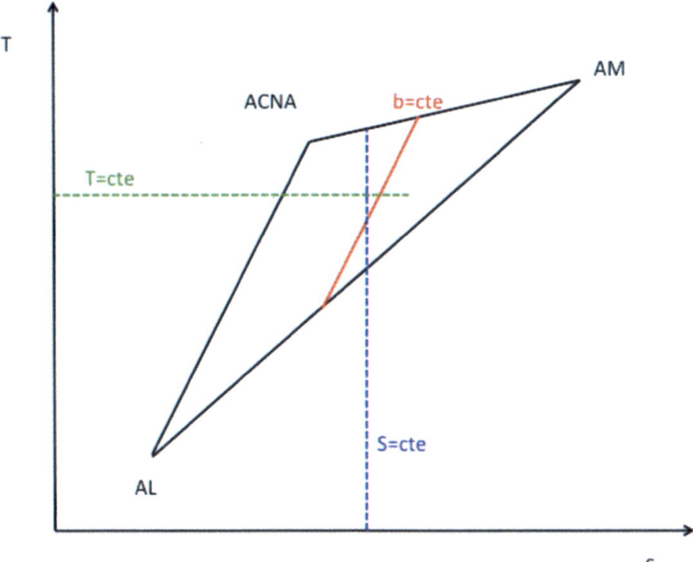

C) Aplicando la expresión anterior al punto considerado, obtenemos:

$$b = -41{,}200 - 0{,}104°C^{-1} \cdot 7{,}0°C + 1{,}190 USP^{-1} \cdot 36{,}1 = 1{,}03 = 103\%$$

Vemos que obtenemos una inconsistencia ya que *b*>1. Este resultado solo puede explicarse porque la expresión anterior solo es válida dentro del triángulo: el punto *S*=36,10 USP, *T*=7,0°C está fuera del triángulo de mezcla.

51)A) La densidad de cada uno de los tipos es, aplicando la expresión dada:

$$\rho_A = c + dT_A + eT_A^2 + fS_A; \qquad \rho_B = c + dT_B + eT_B^2 + fS_B$$

El modelo de mezcla binaria nos rinde, dado que T y S son conservativas:

$$T = aT_A + bT_B; S = aS_A + bS_B; 1 = a + b$$

Entonces la densidad de cualquier punto de la recta de mezcla será:

$$\rho(T,S) = ca + cb + d \cdot (aT_A + bT_B) + e \cdot (aT_A + bT_B)^2 + f \cdot (aS_A + bS_B)$$

donde hemos hecho $1 = a + b \Rightarrow c = ca + cb$. Ahora desarrollamos cada término, teniendo en cuenta que se cumple $(aT_A + bT_B)^2 = a^2T_A^2 + b^2T_B^2 + 2abT_AT_B$. Entonces:

$$\rho(T,S) = a \cdot \left(c + dT_A + e(1-b)T_A^2 + fS_A \right) + b \cdot \left(c + dT_B + e(1-a)T_B^2 + fS_B \right) + 2eabT_AT_B$$

donde hemos hecho $a = 1 - b$ o $b = 1 - a$ según convenga. Finalmente, sabiendo que también se cumple $(T_A - T_B)^2 = T_A^2 + T_B^2 - 2T_AT_B$ tenemos:

$$\rho(T,S) = a\rho_A + b\rho_B - eab(T_A - T_B)^2$$

Si los tipos tienen la misma densidad ($\rho_A = \rho_B$) entonces:

$$\rho(T,S) = a\rho_A + (1-a)\rho_A - eab(T_A - T_B)^2 = \rho_A - eab(T_A - T_B)^2 \equiv \rho_A + \Delta\rho$$

La densidad de cualquier punto de la recta la podemos entonces considerar como la suma de dos contribuciones, la segunda de ellas ($\Delta\rho$) es siempre positiva, ya que el parámetro *e* es negativo como vimos, mientras *a*, *b* y $(T_A - T_B)^2$ son siempre positivos. De aquí deducimos que $\rho(T,S) > \rho_A$, es decir, la densidad de la recta es siempre mayor que la densidad de los tipos originales: existe encabalgamiento.

B) No habría encabalgamiento si el término $\Delta\rho = -eab(T_A - T_B)^2 = 0$ fuese nulo. Esto sucedería en los siguientes casos particulares:

1) $e = 0$. De aquí deducimos que la ecuación de estado sería lineal con *T* y con *S* y por tanto, conservativa, las isopicnas sería rectas y el encabalgamiento no sucedería.
2) $T_A = T_B$. De aquí necesariamente se deduce que $S_A \neq S_B$ ya que, de lo contrario A y B sería el mismo tipo de agua. Por tanto para el caso particular de una mezcla isoterma (recta horizontal en el TS) no se produciría encabalgamiento.
3) $b = 0 \rightarrow a = 1$ o bien para $a = 0 \rightarrow b = 1$. Estamos en los extremos de la recta, definidos por cada uno de los tipos. Los tipos se mantienen puros, no se mezclan y por tanto el modelo de mezcla no es aplicable en este caso.

C) El máximo encabalgamiento para una T_A y T_B fijas tendrá lugar cuando $\Delta\rho = -eab(T_A - T_B)^2$ sea máximo, es decir, cuando:

$$\frac{\partial \Delta\rho}{\partial a} = 0 \Rightarrow -e(T_A - T_B)^2 \frac{\partial}{\partial a}\left[a \cdot (1-a) \right] = 0 \Rightarrow 1 - 2a = 0 \Rightarrow a = \frac{1}{2} = b$$

Es decir, justo en el punto medio del segmento que une ambos tipos.

52)A) Por el hecho de que la temperatura superficial máxima sea 28° y de que haya termoclina estacional (isotermas 24-20° muy juntas) concluimos que debe ser en primavera-verano.

B) Por los principios hidrostático y geostrófico, la zona por donde discurre la corriente debe tener las isotermas e isohalinas muy inclinadas. Admitiremos ahora que, como principio general aplicable a las regiones templadas, los cambios de temperatura son más dominantes en la ecuación de estado que los cambios de salinidad para determinar los cambios de densidad. Como a la izquierda de la corriente las aguas, a una profundidad constante, son más frías que a la derecha, serán entonces más densas. Este gradiente horizontal de densidad está ligado a un gradiente horizontal de presión: por el principio hidrostático, donde las aguas son más densas, su altura con respecto al nivel de referencia será menor. Las isobaras estarán por tanto iclinadas en sentido contrario a las isopicnas, es decir, hacia la derecha y hacia arriba, dejando las mayores presiones a la derecha de la sección. Por el principio geostrófico, las corrientes en el Hemisferio Norte dejan mayores presiones a su derecha, por lo que la corriente entra en la figura: se dirige hacia el NE, en concordancia con la circulación de la Corriente del Golfo.

C) La termoclina permanente se localizará en una zona no superficial donde las isotermas estén muy juntas (en la parte derecha de la sección entre 16 y 8° y en el rango de profundidades aproximado de 600-900 m).

D) Identificando en ambas figuras isotermas e isohalinas a las mismas profundidades en la parte derecha de la sección, podemos establecer la siguiente tabla:

Prof. aprox. (m)	S (USP)	T (°C)
600	36,5	16
700	36,0	12
900	35,5	8

De donde se establece el siguiente diagrama TS:

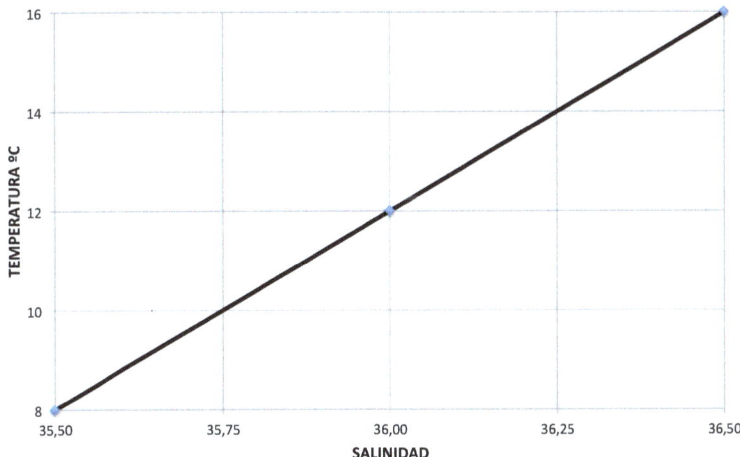

Vemos que la zona de la termoclina principal, el TS forma una recta, por tanto con dT/dS constante. Es debido a que ese rango de la columna de agua está ocupado por el Agua Central del Atlántico Norte (ACNA), formada por subducción en el Giro Subtropical del AN. La pendiente (mejor dicho, su inversa) de dicha recta puede estima en:

$$dS / dt \approx \Delta S / \Delta T \cong (36,5 - 35,5) / (16 - 8) = 1/8 = 0,125 \ USP / K$$

que resulta similar a la de otras zonas del Atántico Norte, como ya sabemos (como el borde oriental, por ejemplo). Este un valor similar en todo el AN debe interpretarse como que el origen de dichas masas de agua es común para todas ellas (hablando a escala de cuenca, procede de la zona del giro subtropical).

E) La inclinación de las isotermas e isohalinas en la termoclina principal (a la derecha de la sección) es bastante menor que la existente en la zona de la corriente del Golfo. Al ser pequeña la inclinación de las isotermas e isohalinas, debe ser también pequeña la inclinación de las isopicnas. Como ya se ha comentado en el apartado B), la pendiente de las isopicnas y la intensidad de la corriente están directamente relacionadas al combinar los principios hidrostático y geostrófico. Por tanto podemos afirmar que el movimiento del agua central es relativamente muy lento comparado con el de la Corriente del Golfo. Al estar inclinadas isotermas e isohalinas (y por tanto isopicnas) ligeramente hacia la derecha y hacia arriba (al contrario que la Corriente del Golfo), el sentido del Agua Central es también al contrario que la Corriente del Golfo, es decir sale de la figura: procede del NE (en concordancia con la posición geográfica del Giro Subtropical).

F) Se trata del *Agua de 18°*, agua modal llamada así por su temperatura bastante homogénea (nótese la gran distancia vertical entre las isotermas de 20 y 16°C), formada por enfriamiento y hundimiento hasta la parte superior de la termoclina permanente (que es muy estable y por tanto con dificultad de ser atravesada), en los inviernos en áreas cercanas a la región de estudio (Mar de los Sargazos). El máximo de salinidad cerca de la superficie que tiene esta agua es debido a que en el Giro Subtropical domina fuertemente la evaporación sobre la precipitación. Es de esperar que esta agua modal tenga dinámica horizontal pobre (ya que la isoterma de 18°C está muy poco inclinada) y por tanto tenga una relativamente limitada extensión horizontal. Añadido a que su extensión vertical es también limitada, la hacen un cuerpo de agua de pequeña extensión o escala *regional*.

53)A) Si la densidad (ρ) es parabólica con la produndidad (*D*) entonces debe cumplir la expresión $\rho(D) = a_0 + a_1 \cdot D + a_2 \cdot D^2$, con a_0, a_1, a_2 todavía desconocidas. Sustituyendo en dicha expresión los 3 datos del problema se obtiene el sistema de 3x3:

$$1022 = a_0 + a_1 \cdot 0 + a_2 \cdot 0^2$$
$$1028 = a_0 + a_1 \cdot 500 + a_2 \cdot 500^2$$
$$1030 = a_0 + a_1 \cdot 1000 + a_2 \cdot 1000^2$$

De la primera expresión es evidente que $a_0 = 1022 kgm^{-3}$, luego nos queda el sistema 2x2 siguiente:

$$6 = a_1 \cdot 500 + a_2 \cdot 500^2$$
$$8 = a_1 \cdot 1000 + a_2 \cdot 1000^2$$

de donde, resolviendo por determinantes, obtenemos:

$$a_1 = \frac{\begin{vmatrix} 6 & 500^2 \\ 8 & 1000^2 \end{vmatrix}}{\begin{vmatrix} 500 & 500^2 \\ 1000 & 1000^2 \end{vmatrix}} \frac{(kg \cdot m^{-3} m^2)}{(m^3)} = 1,6 \cdot 10^{-2} kgm^{-4}; \quad a_2 = \frac{\begin{vmatrix} 500 & 6 \\ 1000 & 8 \end{vmatrix}}{\begin{vmatrix} 500 & 500^2 \\ 1000 & 1000^2 \end{vmatrix}} \frac{(kg \cdot m^{-3} m)}{(m^3)} = -8,0 \cdot 10^{-6} kgm^{-5}$$

Entonces: $\rho(D) = 1022 + 1,6 \cdot 10^{-2} \cdot D - 8,0 \cdot 10^{-6} \cdot D^2$ y por tanto:

$$\rho(100) = 1022 + 1,6 \cdot 10^{-2} \cdot 100 - 8,0 \cdot 10^{-6} \cdot 100^2 = 1023,52 kgm^{-3}$$

$$\rho(600) = 1022 + 1,6 \cdot 10^{-2} \cdot 600 - 8,0 \cdot 10^{-6} \cdot 600^2 = 1028,72 kgm^{-3}$$

B) Aplicando el teorema del valor medio para el intervalo de profundidades dado, tenemos:

$$\bar{\rho} = \frac{\int_0^{1000} (a_0 + a_1 \cdot D + a_2 \cdot D^2) dD}{\int_0^{1000} dD} = \frac{1}{1000} \left[a_0 \cdot D + \frac{1}{2} a_1 \cdot D^2 + \frac{1}{3} a_2 \cdot D^3 \right]_0^{1000}$$

$$= \frac{1}{1000} \left[a_0 \cdot 1000 + \frac{1}{2} a_1 \cdot 1000^2 + \frac{1}{3} a_2 \cdot 1000^3 \right] = a_0 + \frac{1}{2} a_1 \cdot 1000 + \frac{1}{3} a_2 \cdot 1000^2 = 1027,33 kgm^{-3}$$

La profundidad a la que se obtiene dicha densidad se obtiene resolviendo la ecuación de segundo grado:

$$1027,33 = 1022 + 1,6 \cdot 10^{-2} \cdot D - 8,0 \cdot 10^{-6} \cdot D^2 \rightarrow -8,0 \cdot 10^{-6} \cdot D^2 + 1,6 \cdot 10^{-2} \cdot D - 5,33 = 0$$

y escogiendo la raiz positiva, que rinde $D(\bar{\rho}) = 422,6 m$.

C) Para determinar la dependencia de la estabilidad con la profundidad partimos de su definición:

$$E(z) = -\frac{1}{\rho_0} \frac{d\rho}{dz}$$

y teniendo en cuenta que la relación entre la coordenada z y la profundidad D es $z=-D$, entonces $dz=-dD$, y obtenemos:

$$E(D) = +\frac{1}{\bar{\rho}} \frac{d\rho}{dD} = \frac{1}{\bar{\rho}} \frac{d}{dD} \left[a_0 + a_1 \cdot D + a_2 \cdot D^2 \right] = \frac{a_1 + 2a_2 D}{\bar{\rho}}$$

Se verifica que entre 0 y 1000 m no hay inestabilidades, la estabilidad es máxima en superficie y decrece con la profundidad, por lo que los cuerpos de agua más someros son más estables. La estabilidad se hace nula en $D=-a_1/2a_2=1000$ m.

$$E(100) = \frac{1,6 \cdot 10^{-2} - 2 \cdot 8,0 \cdot 10^{-6} \cdot 100}{1027,33} = 1,40 \cdot 10^{-5} m^{-1}$$

$$E(600) = \frac{1,6 \cdot 10^{-2} - 2 \cdot 8,0 \cdot 10^{-6} \cdot 600}{1027,33} = 6,23 \cdot 10^{-6} m^{-1}$$

Por tanto es más estable el cuerpo de agua de 100 m, como anticipábamos.

54) Al estar a similar latitud es razonable que las temperaturas superficiales medias invernales en ambas zonas sean similares (3°C). Sin embargo, la salinidad media invernal en el Pacífico Norte es casi 0,3 USP menor, lo cual provoca que Pacífico tenga un déficit de densidad con respecto al Atlántico provocado por un déficit de salinidad (no de temperatura), hecho crucial para que el *Agua Profunda del Pacífico Norte* no se llegue a hundir. Para que se formase, sin cambiar su salinidad, las aguas del Pacífico Norte deberían enfrianse hasta tener la misma densidad que en el Atlántico. Por tanto movemos el punto azul verticalmente (por la isohalina) hasta llegar a la misma isopicna del punto rojo y vemos que deberían enfriarse desde 3°C hasta 0°C.

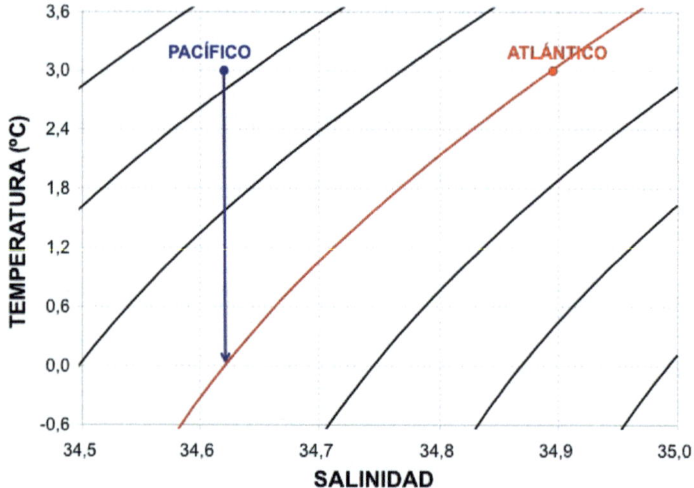

55)A) Teniendo en cuenta que la varación vertical de la densidad depende en gran medida de la influencia de la temperatura tenemos la siguiente secuencia: 1: 47°N. 2: 30°N. 3: 5°N.

B) En un perfil vertical cuanto más horizontal sea la línea más estabilidad tiene (ya que mayor es el gradiente vertical $d\rho/dD$, que es la pendiente de la línea de cada perfil), por tanto el más estable es el 3 y el menos estable el 1.

C) El 2, ya que ambas picnoclinas están separadas por una capa de densidad (temperatura) homogénea (llamada *picnostad*) debido a la presencia de aguas modales. Estas aguas modales se forman por enfriamiento invernal en las zonas subtropicales (de ahí su gran homogeneidad), pero no llegan a atravesar la picnoclina más profunda (permanente o principal), ya que la densidad que adquieren no es lo suficientemente elevada. La estratificación que aparece en primavera-verano crea la picnoclina más somera (estacional), quedando el agua modal colocada verticalmente entre las dos picnoclinas.

D) Las aguas de más de, pongamos, más de 2000 m tienen origen polar. Las aguas que se han formado en los polos, al moverse horizontalmente por diferentes latitudes de acuerdo con el bucle latitudinal (circulación termohalina), sí van modificando lentamente, por mezcla, su salinidad y su temperatura, pero estos cambios no hacen modificar sensiblemente la densidad (y consecuentemente tampoco la profundidad), es por ello que a diferentes latitudes nos encontremos, para la misma profundidad la misma densidad.

56) A) Como $\rho = m/V$ y la masa es constante, tenemos:

$$\bar{\alpha} = -\frac{1}{\rho_0}\left(\frac{\partial \rho}{\partial T}\right)_S = -\frac{V}{m}\left(\frac{\partial(m/V)}{\partial T}\right)_S = -V\left(\frac{\partial(1/V)}{\partial T}\right)_S = -V\cdot\frac{-1}{V^2}\left(\frac{\partial V}{\partial T}\right)_S = +\frac{1}{V}\left(\frac{\partial V}{\partial T}\right)_S > 0$$

que quiere decir que cuando la temperatura aumenta (a masa y salinidad constantes) el volumen aumenta, y por la misma razón:

$$\bar{\beta} = +\frac{1}{\rho_0}\left(\frac{\partial \rho}{\partial S}\right)_T = \ldots = -\frac{1}{V}\left(\frac{\partial V}{\partial S}\right)_T > 0$$

que significa que cuando la salinidad aumenta (a masa y temperatura constantes) el volumen disminuye.

B) Expresando el cambio de densidad en función de los cambios de S y T y discretizando:

$$d\rho = \left(\frac{\partial \rho}{\partial T}\right)_S dT + \left(\frac{\partial \rho}{\partial S}\right)_T dS \rightarrow \Delta\rho = \left(\frac{\partial \rho}{\partial T}\right)_S \Delta T + \left(\frac{\partial \rho}{\partial S}\right)_T \Delta S = 0 \rightarrow$$

$$\left(\frac{\Delta T}{\Delta S}\right)_{\Delta\rho=0} = -\frac{(\partial\rho/\partial S)_T}{(\partial\rho/\partial T)_S} = -\frac{\rho_0\bar{\beta}}{-\rho_0\bar{\alpha}} = \frac{\bar{\beta}}{\bar{\alpha}} = \frac{7,6 \cdot 10^{-4} USP^{-1}}{1,7 \cdot 10^{-4} K^{-1}} = \frac{7,6 USP^{-1}}{1,7 K^{-1}} = 4,5 K/USP$$

La interpretación es que, en promedio, por cada USP de aumento (o disminución) de la salinidad, la temperatura debe aumentar (o disminuir) 4,5 °C para compensar el cambio de densidad.

C) Por la misma expresión tenemos:

$$\Delta\rho = \left(\frac{\partial \rho}{\partial T}\right)_S \Delta T + \left(\frac{\partial \rho}{\partial S}\right)_T \Delta S = \left(-\rho_0\bar{\alpha}\Delta T + \rho_0\bar{\beta}\Delta S\right) = \rho_0\left(-\bar{\alpha}\Delta T + \bar{\beta}\Delta S\right)$$

Y sustituyendo valores:

$$\Delta\rho = 1025 \cdot 10^{-4}\left(-1,7 \cdot (28 - (-2)) + 7,6 \cdot (38 - 33)\right) = 0,1025 \cdot (-51 + 38) = -1,3 kgm^{-3}$$

Es decir, para los rangos típicos de *T* y *S* en agua de mar, el efecto de disminución de la densidad creado por el aumento de temperatura es mayor que el efecto de aumento de la densidad creado por la salinización.

57) Para el coeficiente de expansión térmica, discretizando a lo largo de la isohalina:

$$\alpha \cong -\frac{1}{\rho_0}\left(\frac{\Delta\rho}{\Delta T}\right)_S = \frac{1}{1028 kgm^{-3}}\frac{0,3 kgm^{-3}}{[3,6 - (-0,6)]K} = 6,9 \cdot 10^{-5} K^{-1}$$

Y para el coeficiente de expansión halina tenemos, discretizando a lo largo de la isoterma:

$$\beta \cong +\frac{1}{\rho_0}\left(\frac{\Delta\rho}{\Delta S}\right)_T = \frac{1}{1028 kgm^{-3}}\frac{0,4 kgm^{-3}}{[35,0 - 34,5]USP} = 7,8 \cdot 10^{-4} USP^{-1}$$

58) En general, el Océano Atlántico es más salino que el Pacífico a cualquier profundidad: los perfiles A y B deben corresponder al Atlántico, mientras que C y D son del Pacífico. En la latitud subtropical de 25ºN la salinidad de los niveles superiores es mayor (por tener climáticamente una mayor evaporación que precipitación) que en 45ºN (donde ocurre lo contrario: P>E). Por tanto, los perfiles A y C son de 25ºN, mientras que B y D son de 45ºN.

59)A) Discretizando la expresión de definición de vorticidad relativa y tomando los incrementos centrados en el centro del anillo:

$$\zeta \cong \frac{\Delta v}{\Delta x} - \frac{\Delta u}{\Delta y} = \frac{v(r) - v(-r)}{r - (-r)} - \frac{u(r) - u(-r)}{r - (-r)} = \frac{V(r) - (-V(r))}{2r} - \frac{-V(r) - V(r)}{2r} = 2\frac{V(r)}{r} = 2 \cdot 10^{-5} s^{-1}$$

que al resultar positiva se corresponde con un giro antihorario.

B) Evidentemente debe ser $\zeta = -2 \cdot 10^{-5} s^{-1}$ (giro horario). Debe corresponderse con un anillo que tenga su centro más alto que los bordes, por lo que, por hidrostática, debe ser cálido.

C) Dado que la periferia del anillo recorre en un período una distancia $2\pi r$, tenemos:

$$T = \frac{2\pi r}{V(r)} = 7,27 días$$

D) Si no modifica su profundidad, podemos aplicar el principio de conservación de la vorticidad potencial $f + \zeta = cte$. Al ir hacia el norte f aumenta, luego necesariamente ζ debe disminuir. Por el apartado A) vemos que, si r no cambia, V(r) debe disminuir. Y por el apartado C) vemos que entonces T debe aumentar.

E) Aplicando $f_{30} + \zeta_{30} = f_{35} + \zeta_{35}$ tenemos:

$$2\omega_{tierra} \cdot sen30 + 2\frac{V_{30}(r)}{r} = 2\omega_{tierra} \cdot sen35 + 2\frac{V_{35}(r)}{r} \quad \text{donde la única incógnita es } V_{35}(r):$$

$$V_{35}(r) = V_{30}(r) + r\omega_{tierra} \cdot (sen30° - sen35°) = (1,0 - 0,5) \text{ m/s} = 0,5 \text{ m/s}.$$

Luego la velocidad máxima se ha reducido a la mitad.

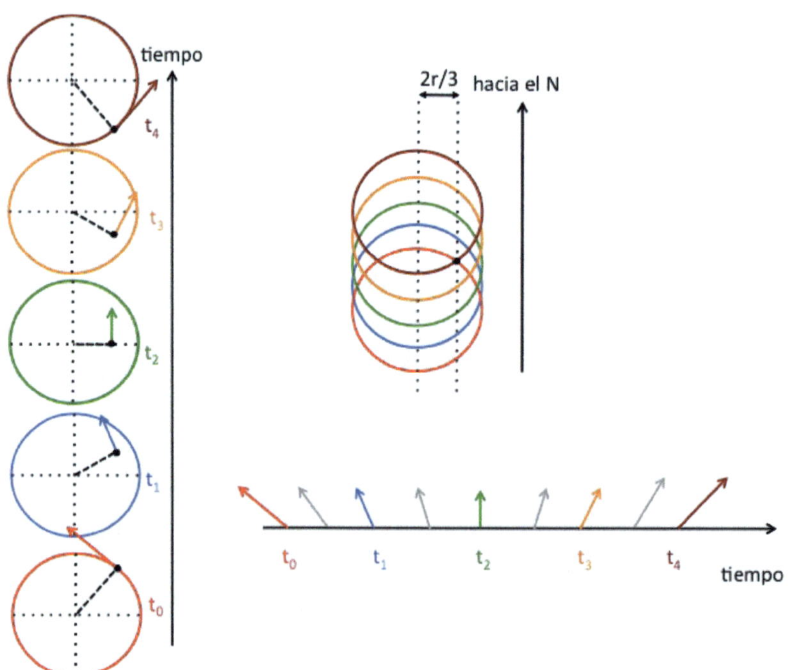

F) El punto negro marca la posicción del correntímetro, que está fijo. La velocidad en cada momento es perpendicular a la linea negra de trazos que une el centro del remolino con el punto negro. El correntímetro registrará inicialmente (t_0) una corriente hacia el NW que irá rolando hacia el N (t_2) y finalmente hacia el NE (t_4). Se obtendría una serie temporal (*diagrama de peine*) como la que indica la figura adjunta.

60) Discretizando obtenemos:

$$\zeta_0 \approx \frac{\Delta v}{\Delta x} - \frac{\Delta u}{\Delta y} = \frac{v_3 - v_4}{x_3 - x_4} - \frac{u_1 - u_2}{y_1 - y_2} = \left[\frac{[-4 - (+5)]}{[+2 - (-2)]} - \frac{[+5 - (-5)]}{[+1 - (-1)]} \right] \frac{cm/s}{km} \cdot \frac{1km}{10^5 cm}$$

$$\zeta_0 = \left(-\frac{9}{4} - \frac{10}{2} \right) \cdot 10^{-5} s^{-1} = -\frac{29}{4} \cdot 10^{-5} s^{-1} = -7,3 \cdot 10^{-5} s^{-1}$$

Que resulta negativa, entonces corresponde a un giro horario.

61) Por el principio de conservación de la vorticidad potencial de larga escala:

$$\frac{f_1}{H_1} = \frac{f_2}{H_2}$$

Entonces si $H_2 < H_1 \Rightarrow f_2 < f_1$ y la corriente debe desviarse hacia el sur. Teniendo en cuenta que $f = 2\omega sen\lambda$ tenemos:

$$\frac{sen\lambda_1}{H_1} = \frac{sen\lambda_2}{H_2} \Rightarrow \lambda_2 = asen\left[\frac{H_2}{H_1} sen\lambda_1 \right] = 23,6°$$

Y la distancia será:

$$L = R\frac{\pi}{180°}(30° - 23,6°) = 712km$$

62)A) Invocando al principio de conservación de la vorticidad potencial tenemos:

$$\frac{f_0 + \zeta_0}{H_0} = \frac{f + \zeta}{H} \Rightarrow \frac{f_0 + \frac{\partial v_0}{\partial x} - \frac{\partial u_0}{\partial y}}{H_0} = \frac{f + \frac{\partial v}{\partial x} - \frac{\partial u}{\partial y}}{H}$$

Donde los subíndices 0 de las partes izquierdas indican las condiciones en $\lambda_0 = 3°$ y las partes derechas indican las condiciones a cualquier latitud $\lambda_0 \leq \lambda \leq 0$. Por la hipótesis a) tenemos que las componentes de la velocidad geostrófica son:

$$v = \frac{1}{\rho_0 f}\frac{\partial p}{\partial x}; \quad u = -\frac{1}{\rho_0 f}\frac{\partial p}{\partial y}$$

Por la hipótesis b) tenemos que $\left(\frac{\partial p}{\partial y} \right)_{\lambda_0} = 0$, de donde se deduce de la segunda ecuación geostrófica que $u_0 = 0$, y derivando esta expresión frente a *y*, tenemos que $\frac{\partial u_0}{\partial y} = 0$.

Por la hipótesis c) tenemos que $\dfrac{\partial p}{\partial x} = cte < 0$. De aquí deducimos en primer lugar de la primera ecuación geostrófica que $v<0$, es decir la partícula se mueve hacia el sur (hacia el ecuador). Por otro lado, si derivamos frente a x la primera ecuación geostrófica tenemos:

$$\frac{\partial v}{\partial x} = \frac{\partial}{\partial x}\left(\frac{1}{\rho_0 f}\frac{\partial p}{\partial x}\right) = \frac{\partial}{\partial x}(cte) = 0,$$ ya que ρ_0 es constante y f tampoco depende de x. Como

esta condición también se cumple en el instante inicial, tenemos también que $\dfrac{\partial v_0}{\partial x} = 0$.

Por la hipótesis d) tenemos $H_0 = H$ y por tanto el principio de conservación de la vorticidad potencial se restringe al principio de conservación de la vorticidad absoluta, que con las hipótesis a), b) y c) nos queda:

$$f_0 = f - \frac{\partial u}{\partial y} \Rightarrow 2\omega_{tierra}sen\lambda_0 = 2\omega_{tierra}sen\lambda - \frac{\partial u}{\partial y}$$

La relación entre y (coordenada) y λ (latitud **en radianes**) es la conocida $\Delta y = R\Delta\lambda \Rightarrow dy = Rd\lambda$, por lo que la expresión anterior se transforma en:

$$2\omega_{tierra}sen\lambda_0 = 2\omega_{tierra}sen\lambda - \frac{1}{R}\frac{du}{d\lambda}$$

expresión en la que se puede separar variables e integrar entre λ_0 y cualquier otra latitud λ:

$$\int_0^{u(\lambda)} du = 2\omega_{tierra}R\left[\int_{\lambda_0}^{\lambda} sen\lambda\cdot d\lambda - sen\lambda_0\int_{\lambda_0}^{\lambda} d\lambda\right]$$

para llegar a la expresión final: $u(\lambda) = 2\omega_{tierra}R\left[\cos\lambda_0 - \cos\lambda - sen\lambda_0\cdot(\lambda - \lambda_0)\right]$, que con $\omega_{tierra} = 7,27\cdot10^{-5}s^{-1}$ y $R=6,371\cdot10^6$ m representamos entre las latitudes de 3° y 0°:

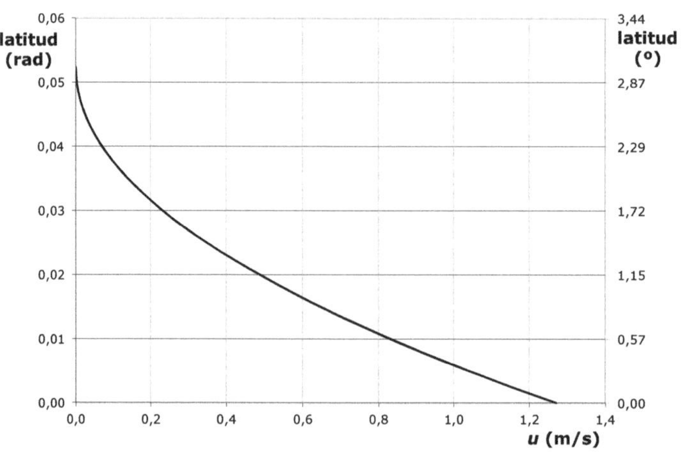

Vemos que al ir moviéndose la partícula hacia el sur (recuérdese que $v<0$), la vorticidad planetaria inicial (f_0=cte.) se va convirtiendo en f-du/dy. Como f va disminuyendo al disminuir la latitud, $-du/dy$ debe ir aumentando al aproximarse la partícula al ecuador.

B) En el ecuador (*f*=0), vemos por la expresión anterior que **toda** la vorticidad planetaria inicial (*f*₀) se ha convertido en vorticidad relativa (-*du/dy*). Aplicando la expresión encontrada en λ=0 y con λ_0=3°=0,052 rad, tenemos:

$$u(0) = 2\omega_{tierra}R\left[\cos(0,052) - \cos(0) - sen(0,052)\cdot(0 - 0,052)\right] = 1,27m/s$$

Es decir, una velocidad muy alta y positiva, que indica una intensa corriente hacia el Este!! ¿Cómo es posible que haya una corriente de velocidad tan alta y hacia el este justo en el ecuador? Sabemos que la corriente de gran escala en superficie en el Pacífico ecuatorial (la CSE) es hacia el oeste, en concordancia los vientos dominantes. Pero la partícula está a 150 m de profundidad por lo que la corriente es subsuperficial!

Se trata por tanto de la Equatorial Undercurrent (EUC en sus siglas inglesas), o Corriente Ecuatorial SubSuperficial (CESS), también llamada en algunos manuales *Corriente de Cromwell* en el Pacífico, o *Corriente de Lomonosov* en el Atlántico, en honor a sus descubridores. Fofonoff y Montgomery (1955) fueron los primeros en demostrar teóricamente, con argumentos y cálculos muy similares a los aquí utilizados, que la conservación de la vorticidad de las partículas que se mueven hacia el ecuador debe implicar la existencia de una corriente muy intensa. Las velocidades máximas observadas que adquiere la CESS en su núcleo son comparables a la aquí calculada. Por último, decir que existe una rama simétrica de esta corriente en el Hemisferio Sur, entre -3° y 0°, que podría obtenerse por las mismas consideraciones de vorticidad que las del tramo del Hemisferio Norte aquí estudiado.

63) Aplicamos el principio de conservación de la vorticidad potencial para los instantes inicial (subíndice 0) y final (1). Teniendo en cuenta que al desplazarse hacia el este, *f* es constante y que en el instante final, al dejar de rotar, la vorticidad relativa es nula, con lo que $\xi_1 = 0$, entonces:

$$\frac{f+\zeta_0}{H_0} = \frac{f}{H_1} \rightarrow H_1 = H_0\frac{f}{f+\zeta_0}$$

donde $f = 2\omega_t sen30° = \omega_t = \dfrac{2\pi}{T_t} = 2\pi d\acute{\imath}a^{-1}$:

A) Remolino antihorario: $\zeta_0 = +2\omega_0 = \dfrac{4\pi}{T_0} = 0,8\pi d\acute{\imath}a^{-1}$:

$$H_1 = 1000m\frac{2\pi}{2\pi + 0,8\pi} = 1000\frac{2}{2,8} = 714m$$

B) Remolino horario: $\zeta_0 = -2\omega_0 = -\dfrac{4\pi}{T_0} = -0,8\pi d\acute{\imath}a^{-1}$:

$$H_1 = 1000m\frac{2\pi}{2\pi - 0,8\pi} = 1000\frac{2}{1,2} = 1667m$$

64A) Por la hipótesis a) solo hay gradientes en la dirección meridional, luego planteamos la ecuación del viento térmico con la derivada en la dirección meridional, que discretizamos y convertimos en la ecuación de Margules:

$$\frac{\partial u}{\partial z} = \frac{g}{\rho_0 f}\frac{\partial \rho}{\partial y} \rightarrow \frac{\Delta u}{\Delta z} = \frac{g}{\rho_0 f}\frac{\Delta \rho}{\Delta y} \rightarrow \Delta u = \frac{g}{f}\frac{\Delta \rho}{\rho_0}\frac{\Delta z}{\Delta y}$$

En el Hemisferio Norte, $f>0$. Vemos en la figura adjunta que la pendiente de la interfase $\Delta z / \Delta y > 0$. Por otro lado, dado que la temperatura es cte. (hipótesis e) entonces la densidad solo depende de la salinidad, por lo que $S_{océano} - S_{río} > 0 \rightarrow \Delta \rho = \rho_{océano} - \rho_{río} > 0$. Además, $\Delta u = u_{pluma} - u_{océano} = u_{pluma}$, ya que por la hipótesis c) la velocidad del agua oceánica es nula. Por tanto la ecuación de Margules diagnostica $u_{pluma} > 0$, por lo que la pluma debe progresar hacia el este (es decir, hacia la derecha en su salida hacia el océano).

B) Para saber cómo la pluma que va hacia el este cambia su velocidad en la dirección perpendicular a la costa (y), planteamos el principio de conservación de la vorticidad potencial del agua dulce, evaluándola en el río (0) y en el océano (1):

$$\frac{f_0 + \zeta_0}{H_0} = \frac{f_1 + \zeta_1}{H_1}$$

Por la hipótesis f) f la podemos tomar constante, por lo que $f_0 = f_1 = f$. La hipótesis g) nos dice además que $\zeta_0 = 0$. Despejando la vorticidad del agua dulce en el océano, tenemos:

$$\zeta_1 = f \left(\frac{H_1}{H_0} - 1 \right)$$

Como la pluma se va somerizando hacia fuera de la costa hasta que finalmente la interfase toca la superficie; en todo ese tramo se verifica que $H_1 < H_0 \rightarrow \zeta_1 < 0$. Es decir, en el proceso de salida desde el río al océano, la pluma adquiere vorticidad relativa negativa. Como dicha vorticidad relativa es debida solamente al cambio de la componente paralela a la costa (u), tenemos:

$$\zeta_1 = -\frac{\partial u}{\partial y} < 0 \rightarrow \frac{\partial u}{\partial y} > 0$$

Como en el apartado a) hemos obtenido que $u_{pluma} > 0$, la única posibilidad es que la corriente hacia el este vaya aumentando su velocidad hacia fuera de la costa, como indica la figura.

C) Resolviendo la ecuación de Margules se obtiene

$$u_{pluma} = \frac{g}{f} \frac{\Delta \rho}{\rho_0} \frac{\Delta z}{\Delta y} = \frac{10ms^{-2}}{10^{-4}s^{-1}} \frac{25kgm^{-3}}{1025kgm^{-3}} \frac{5m}{20000m} = 0,6m/s$$

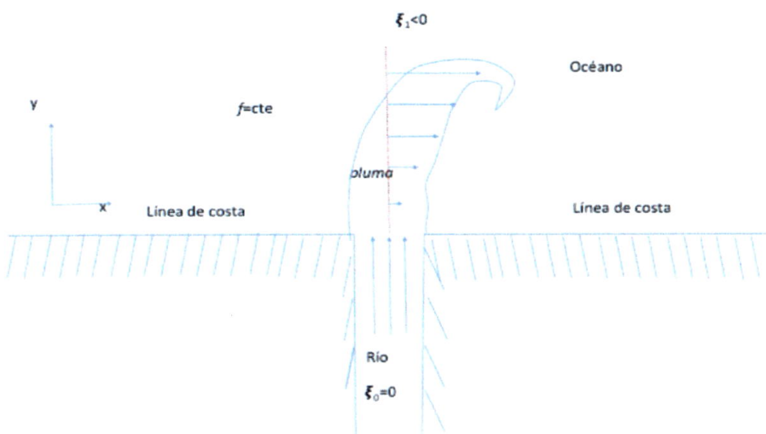
$\xi_1 < 0$
Océano
Y
f=cte
pluma
X'
Línea de costa
Línea de costa
Río
$\xi_0 = 0$

CAPÍTULO 2: PROBLEMAS CON SOLUCIÓN NUMÉRICA

1) A igualdad de gradiente de presión ¿en que latitud es más intensa la corriente/viento geostróficos?

A) en 30°N o en 60°N. **B)** en 30°S o en 60°S. **C)** en 30°N o en 30°S.

2) Durante una campaña oceanográfica se recogieron sendas muestras de agua a 1100 m de profundidad en cada una de las dos estaciones siguientes, situadas una en el Mar Cantábrico y la otra frente a las *Rías Baixas*. La muestra de la estación A tenía las siguientes características S_A=36,227 USP, T_A=10,98°C. La muestra de la estación B tenía S_B=35,650 USP, T_B=8,63°C. Identificar las posiciones geográficas de A y B.

3) Si el 15 de marzo una estación de 125 m de profundidad tiene una capa de mezcla completa de 10°C y el 15 de septiembre tiene este perfil de temperatura:

Profundidad (m)	0	25	50	75	100	125
T septiembre (°C)	20	15	12	11	10	10

Calcular la energía (en W/m^2) que ha acumulado la columna de agua, de densidad media 1025 kg/m^3 y calor específico 4180 J/kg/K.

4) A) La potencia media del olaje provocado por el viento que llega a las costas de todo el mundo supone aproximadamente $2,0 \cdot 10^9$ kW. Supongamos que toda esa energía se convirtiese en calor y que todo ese calor lo absorbiesen los océanos. Estimar cuántos años tardaría la temperatura media de los océanos en aumentar 0,01°C. Datos:

Los océanos ocupan aproximadamente el 70% de la superficie terrestre,
Radio de la Tierra: R=6,37·10^6 m.
Profundidad media de los océanos: z=3800 m.
Sigma-t media de los océanos: 28.
Calor específico medio del agua de mar: 4180 J/kg/K.

B) Discutir brevemente la verosimilitud de las suposiciones realizadas en el enunciado y, en consecuencia, justificar si resultado numérico del apartado a) debiera ser, en realidad, mayor, menor o similar al encontrado.

5) La figura adjunta muestra un diagrama TS de una estación en el Atlántico subtropical tomada durante la Campaña Oceanográfica *WOCE-A5* en el verano de 1992, (24,5°N; 20,7°W). Las etiquetas muestran la profundidad aproximada en metros. A dicha región llegan 4 masas de agua de características tipo siguientes:

TIPO	S	T	Sigma-t
A	35,5	11,2	27,129
B	34,2	3,8	27,170
C	36,5	11,9	27,775
D	34,9	2,2	27,875

A) Ordenar los tipos A, B, C, D por profundidad

B) Identificar los tipos con Masas de Agua reales.

C) Localizar los núcleos de B y C y calcular sus contribuciones con las mezclas ternarias correspondientes.

D) Localizar la muestra que sea mezcla binaria de B y C y calcular sus contribuciones

E) Qué contribución de D tiene la muestra de 4000 m?

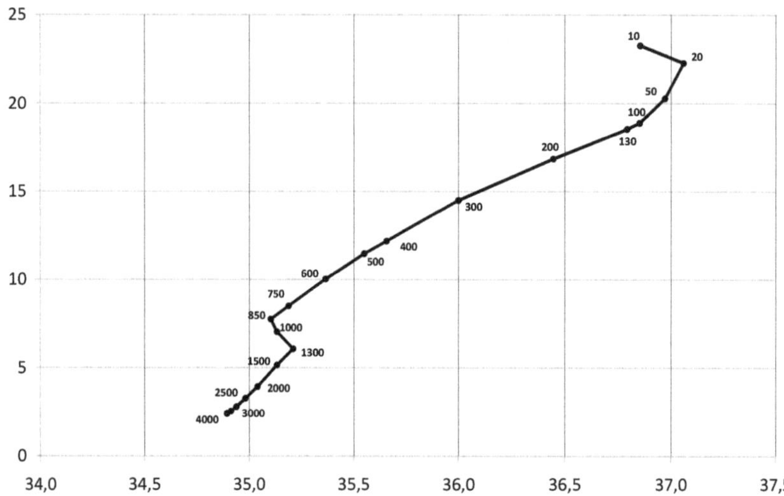

6) A) imaginemos un lago situado a 50ºN que recibe una radiación solar de 25.000 KJ m^{-2} día^{-1}. Si el albedo es de un 10%, la radiación de fondo y la evaporación suponen un total de 10.000 KJ m^{-2} día^{-1}, la conducción es despreciable y el 70% de la energía se absorbe en los primeros 5 m de columna, calcular la variación diaria de temperatura en esta capa superficial. C_p= 4,2 KJ kg^{-1} K^{-1}.

B) Si en lugar de un lago es océano abierto, ¿sería válido hacer el mismo cálculo?

7) El Mar de Alborán ocupa la zona más occidental del Mar Mediterráneo. Como consecuencia de la interacción entre la corriente superficial de entrada al Mediterráneo desde el Atlántico, en esta zona se suele desarrollar una circulación superficial en forma de giro. La figura adjunta muestra el relieve dinámico de la superficie del Mar de Alborán, en centímetros dinámicos, con referencia a los 200 db.

A) Justificar el sentido del giro, suponiendo que está en equilibrio geostrófico. ¿Es ciclónico o anticiclónico?

B) Estimar la velocidad máxima del giro, indicando donde se calcula. Radio de la Tierra = 6,37·10^6 m.

C) Teniendo en cuenta que la picnoclina en Alborán es más somera que en el Golfo de Cádiz, proponer un mecanismo de formación del giro.

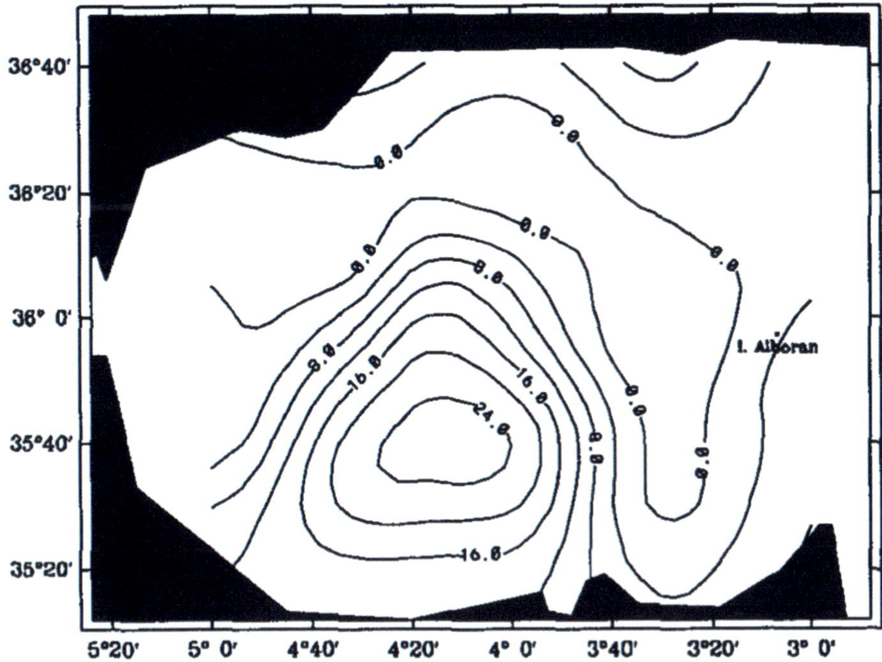

Tomada de Tintoré, J., Gomis, D., Alonso, S. and Parrilla, G. (1991). Mesoscale dynamics and vertical motion in te Alboran Sea. Journal of Physical Oceanography, 21, 811-823.

8) La ecuación de estado se puede expresar, en una primera aproximación, función de la salinidad (S, USP) y de la temperatura (T, °C) mediante la siguiente expresión:

$$\rho_{S,T}\ (kg \cdot m^{-3}) = c + d \cdot T + e \cdot T^2 + f \cdot S$$

donde los coeficientes tienen los siguientes valores:

c= 1001,043 d= -0,071 e= -0,005 f= 0,773

Se pide:

A) El error absoluto (precisión) cometido al realizar de las medidas de temperatura y salinidad es de $\Delta T = \pm 0,01°C$ y $\Delta S = \pm 0,004$ USP respectivamente. Calcular el error absoluto ($\Delta\rho_{S,T}$) cometido al calcular la densidad con la ecuación anterior (utilizar en el cálculo un valor temperatura de T=15°). ¿Qué propiedad (S o T) aporta más error a la densidad?

B) ¿Es coherente el resultado anterior con las cifras decimales que se han aportado de c?

9) Se mezclan dos tipos de agua A(S_A, T_A) y B(S_B, T_B), con contribuciones respectivamente a y b, para dar un cuerpo de agua de características S, T. Sabiendo que durante dicho proceso se cumple la relación $2(S - S_A)^2 = (S_B - S) \cdot (S_B - S_A)$ calcular numéricamente a y b.

10) La formación de las masas de agua profundas sucede, como sabemos en regiones muy concretas del océano (20 Sv para el NADW + 15 Sv para el AABW). Para que exista continuidad de volumen en la región abisal, el flujo de retorno desde la región abisal hacia la termoclina sucede, de lo contrario, a lo largo y ancho de todos los océanos (de área total $3,5 \cdot 10^8$ km^2). En otras palabras: el hundimiento está muy restringido localmente y el ascenso por el contrario se realiza a escalas horizontales muy amplias. Estimar la velocidad media de ascenso del agua profunda (en m/año) y el tiempo de residencia del océano abisal (de volumen $1{,}26 \cdot 10^9$ km^3).

11) Calcular la vorticidad relativa en el centro del sistema de corrientes que corresponde a la siguiente configuración:

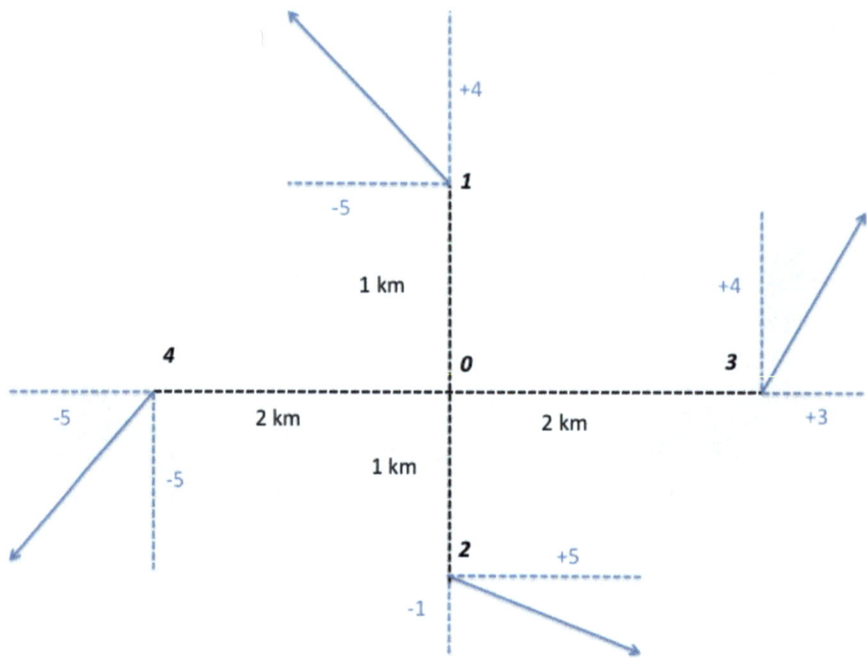

12) En la teoría de Ekman ¿En qué coordenada z (relativa a D_E) la corriente es del mismo sentido que el viento?

13) En Júpiter la aceleración de la gravedad es 24 m/s^2 y el día dura 9,8 horas. A igualdad de gradiente de alturas y latitud que en la Tierra ¿en que planeta se induce una corriente geostrófica mayor?

14) A) La Gran Mancha Roja (GMR) de Júpiter (ver figura adjunta) es una borrasca permanente de la atmósfera joviana. Es de simetría prácticamente circular, está centrada en la latitud de 22°S y su radio abarca 6° en latitud. La diferencia de alturas entre el exterior y el centro del sistema es de 4,2 km. El radio del planeta Júpiter es de 71400 km. Con estos datos y los del problema anterior, estimar la velocidad media del viento de la GMR.

B) El sentido de rotación del planeta Júpiter es igual que el terrestre (hacia el E). ¿Está el centro de la GMR más elevado o más deprimido que los bordes?

Tomada de https://es.wikipedia.org/wiki/Gran_Mancha_Roja

15) Si se construyese un dique a modo de presa en el Estrecho de Gibraltar, de tal manera que los intercambios horizontales Atlántico-Mediterráneo quedasen totalmente interrumpidos, aunque sin cambiar los intercambios verticales por superficie, razonar si el Mar Mediterráneo y el Océano Atlántico…

A) se enfriarían o se calentarían.

B) se salinizarían o se desalinizarían.

C) el nivel del mar subiría o bajaría.

16) Para una corriente geostrófica a 30° de latitud de $(u;v)=(5;0)$ cm/s ¿qué corriente (en módulo y sentido) se espera justo en el fondo si el coeficiente de fricción del agua sobre el fondo es de $1\cdot10^{-4}$ s^{-1}?

17) A) En una capa isoterma de 13°C, un tipo de agua A1 de σ_t=26,5 se mezcla con otro B1 de σ_t=27,5 para dar un cuerpo de agua C1 de σ_t=27,0. Representar el proceso en el diagrama TS y calcular el porcentaje de ambos tipos en la mezcla.

B) En una capa isohalina de 35.4 USP, un tipo de agua A2 de σ_t=26,0 se mezcla con otro B2 de σ_t=28,0 para dar un cuerpo de agua C2 de σ_t=27,0. Representar el proceso en el diagrama TS y calcular el porcentaje de ambos tipos en la mezcla. (0,5).

C) En una capa isopicna de 28,5, un cuerpo de agua A3 de 35,7 USP se mezcla con otro B3 de 36,4 USP para dar un cuerpo de agua C3 de 36,0 USP. Representar el proceso en el diagrama TS y calcular el porcentaje de ambos tipos en la mezcla.

D) Si los tipos C1, C2 y C3 se encuentran en algún lugar del océano, mezclándose, calcular sus contribuciones en una muestra de 35.7 USP y σ_t=27,5.

Representar adecuadamente todos los procesos descritos en el diagrama TS adjunto.

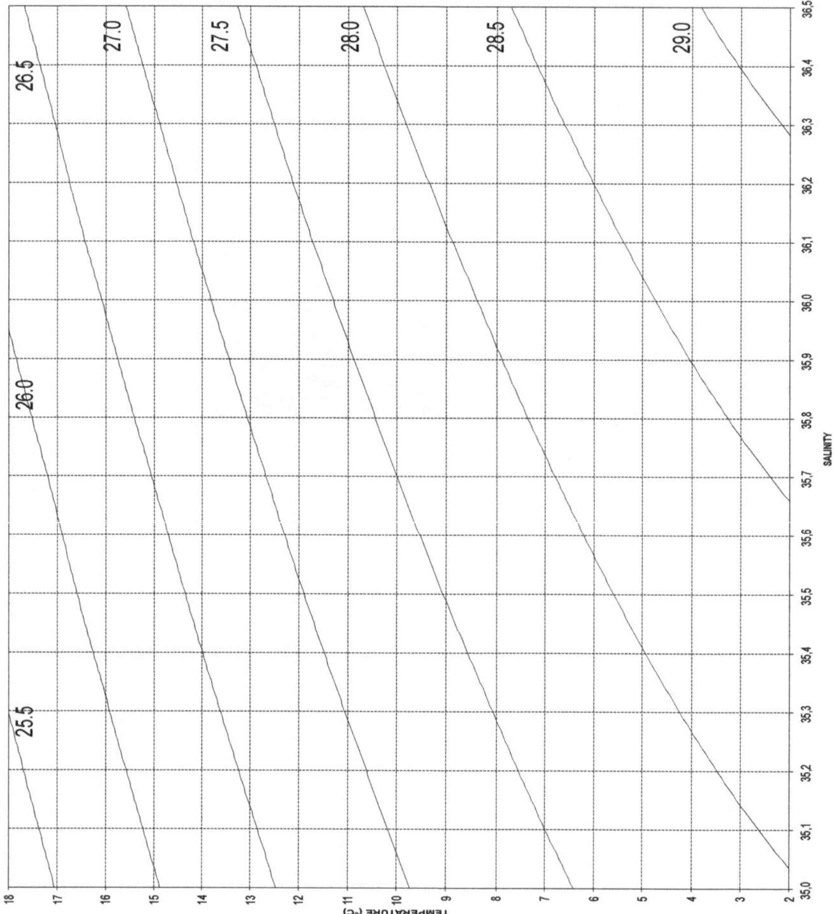

18) La siguiente tabla aporta las cantidades totales de agua, sales disueltas e ión sodio en los océanos (en T, Toneladas), así como las contribuciones anuales de cada uno de ellos por los ríos a los océanos (en T/año).

	Agua	Sales	Na^+
Océanos (T)	$1{,}4{\cdot}10^{18}$	$4{,}9{\cdot}10^{16}$	$1{,}5{\cdot}10^{16}$
Ríos (T/año)	$2{,}6{\cdot}10^{13}$	$2{,}7{\cdot}10^{9}$	$1{,}5{\cdot}10^{8}$

A) ¿Cuáles de las tres *partículas* permanecerán, en promedio, más y menos tiempo en los océanos?

B) Calcular la salinidad media de los océanos (en USP).

C) Calcular la salinidad media de los ríos (en USP).

D) Calcular la relación de Dittmar del ión Na^+.

19) (A la memoria de la Oceanógrafa viguesa Aida F. Ríos, 1947-2015). El 31 de julio se lanza una *boya derivante* subsuperficial en el Atlántico subtropical (24,5ºN; 41,0ºW). El 13 de junio del siguiente año se recoge en la posición 23,04ºN; 73,44ºW. ¿Por qué corriente global ha sido advectada la boya? Estimar su velocidad media durante el trayecto.

20) Una corriente costera, uniforme tanto vertical como lateralmente, debe salvar un escalón en el fondo oceánico tal como muestra la figura adjunta. Si se conservan la vorticidad planetaria ($f=10^{-4}$ s^{-1}), la vorticidad potencial y el transporte de la corriente:

A) Demostrar que el perfil horizontal de la corriente somera varía linealmente con la coordenada perpendicular a la costa (x). Tomar en la costa $x=0$.

B) Determinar la velocidad costera después del escalón (v_{2max}) y la anchura de la corriente después del escalón (L_2).

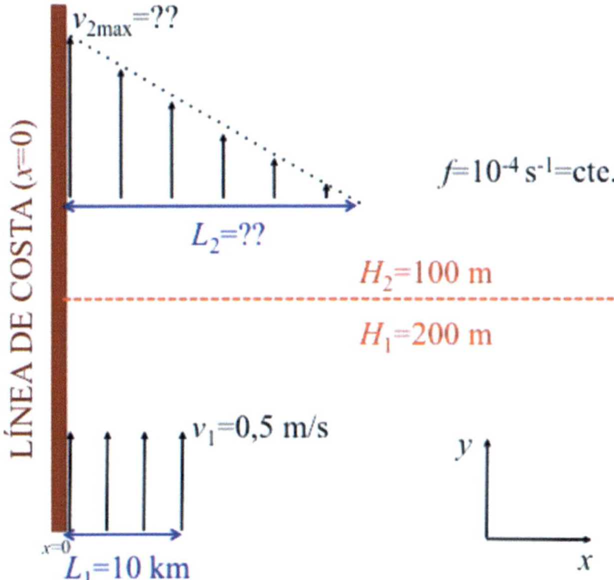

21) El planeta Venus está situado en una órbita prácticamente circular a $1{,}08 \cdot 10^{11}$ m del sol. El albedo de su atmósfera es $\alpha_1=75\%$. Su atmósfera es tan densa (100 veces mayor que la terrestre) que su coeficiente de transmisión en el rango UV-visible es nulo ($\beta_1=0$), impidiendo que la radiación solar llegue al suelo.

El componente principal de su atmósfera es el CO_2 (96%), que bloquea totalmente que la radiación procedente del suelo en el rango IR escape hacia el exterior ($\beta_2=0$). Debido a la enorme diferencia de temperaturas existente entre la alta (muy fría) y la baja (muy caliente) atmósfera, solo una mínima fracción de la emisión atmosférica en IR se emite hacia el exterior ($\gamma=1\%$) emitiéndose la mayor parte (99%) hacia el suelo.

Sabiendo además que ni en su superficie ni en su atmósfera hay agua, utilizar el modelo climático adecuado para calcular las temperaturas de equilibrio del suelo y de la atmósfera.

DATOS	magnitud	Unidades
Cte. de Wien	$2{,}90 \cdot 10^{-3}$	K·m
Longitud de onda máximo solar	501,4	nm
Cte. de Stefan	$5{,}67 \cdot 10^{-8}$	W·m^{-2}·K^{-4}
Radio solar	$6{,}95 \cdot 10^{8}$	m

22) El período de rotación de Venus y es de 243 días (Tierra=1 día) y la presión atmosférica superficial media es de 92 atmósferas (Tierrra= 1 atmósfera) ¿sería correcto aplicar el modelo geostrófico ($a_{Coriolis}=a_{Presión}$) para cuantificar los vientos en la atmósfera de Venus como se hace en la Tierra?

23) A una latitud de $43,5°$ N se forma un vórtice de mesoescala con radio r = 100 km y profundidad constante, en el que el agua circula describiendo circunferencias concéntricas con una celeridad que crece linealmente desde cero en el centro hasta un valor máximo v_m a distancia r del centro (como un sólido rígido). Considérese constante el parámetro de Coriolis en el anillo.

A) ¿Cuál debe ser el sentido de giro para que el vórtice tenga una vorticidad absoluta de $+9 \cdot 10^{-5}$ s^{-1}?

B) Calcúlense su vorticidad relativa, período de giro y v_m.

C) Comparar la aceleración de Coriolis con la aceleración centrípeta en el exterior del vórtice ¿qué conclusión se extrae?

24) Un viento del sur constante de 10 m/s sopla sobre una columna de agua somera (profundidad H=10 m) que inicialmente está en reposo. Con C_d=1,4$\cdot10^{-3}$ y ρ_{aire}=1,2 kg/m³, calcular:

A) La tensión del viento.

B) La velocidad del agua al cabo de tres horas.

25) Para ilustrar la importancia del océano en el balance global de calor terrestre vamos a realizar una comparación del calor almacenado por el océano y por la tierra emergida durante un ciclo estacional. Es claro que ambos (tierra y océanos) toman calor durante el verano y lo ceden durante el invierno, el caso es cuanta energía son capaces de intercambiar con la atmósfera.

A) Utilizar los datos de la tabla adjunta para estimar dichos intercambios (en Julios). Dato: Radio de la tierra $6,37 \cdot 10^6$ m.

Sistema	Calor específico	Densidad	Profundidad de penetración	Área/Area de la tierra	Amplitud térmica
	J/(kg·K)	kg/m³	m		°C
Tierra	800	3000	1	0,3	20
Océano	4000	1000	100	0,7	10

B) Como conclusión ¿cuál de los dos sistemas (hidrosfera o litosfera) es más eficiente en el intercambio de calor con la atmósfera?

26) Para el rango de salinidad del agua oceánica (33-36 USP) la densidad que el agua de mar adquiere en el momento de su congelación (aproximadamente a una temperatura de -1,9 °C) es función lineal de la salinidad únicamente, según la expresión:

$$\rho_{cong}(S) = a \cdot S + b; \quad a = 0,81515 kg/m^3/USP; \quad b = 999,655 kg/m^3$$

Como sabemos, al formarse el hielo marino se expulsa sal hacia el agua líquida, salinizándose, aumentando su densidad y favoreciendo la formación del Agua de Fondo Antártica. Supongamos una columna de agua homogénea de 500 m de profundidad en la plataforma del Mar de Weddell (Antártica) a principios del invierno, justo antes de empezar a formarse el hielo marino. Las condiciones iniciales del agua superficial son 34,600 USP y temperatura de congelación -1,9 °C. A finales del invierno, se ha formado una capa de hielo de 2 m de espesor. Si el hielo marino se forma con una salinidad media de 10 USP y su densidad es, en estas condiciones 924 kg/m³, estimar la salinidad de la columna de agua a finales del invierno. ¿Cuánto ha aumentado la densidad de la columna de agua? Ayuda: Ignorar los intercambios horizontales de masa y sal.

27) Si ahora estamos en el borde del hielo en las condiciones finales del problema anterior ¿Cuántos cm de altura se eleva el hielo con respecto a la superficie del agua líquida?¿Cuántos cm de altura queda el nivel final del agua con respecto al inicial? ¿Cuántos cm de altura queda la superficie del hielo con respecto al nivel del agua inicial?

28) Estimar la pérdida de energía que sufre cada m² de superficie oceánica durante el proceso del problema 26). Calor latente del hielo 334 kJ/kg.

29) De los ítems citados en la tabla, distinguir los que se mantendrían (y tendrían un nombre equivalente) y los que no existirían de no existir tierra emergida (y la Tierra tuviera un solo océano llamado Atlántico, de batimetría similar a la actual).

Termoclina estacional	Corriente circumpolar	Aguas centrales
Termoclina permanente	Afloramiento ecuatorial	Agua Mediterránea
Corriente del Golfo	Afloramiento costero	Agua Intermedia
Corriente NorEcuatorial	Subducción	Agua Profunda
Corriente NorAtlántica	Monzón	Agua de Fondo
Intensificación occidental	Circulación termohalina	Capa de mezcla
Espiral de Ekman	Vientos Alisios	Corr. Ecuatorial SubSuperficial
Aceleración de presión	Vientos de Poniente	Ecuador meteorológico
Vientos Levantes polares	Giro subtropical	Aceleración de Coriolis
Remolinos de mesoescala	Frentes térmicos	Contracorriente NorEcuatorial

30) Dar una explicación coherente para el siguiente hecho experimental: Siendo ambas corrientes de borde occidental, la Corriente de Brasil sin embargo tiene menor transporte (20-70 Sv) que la Corriente del Golfo (30-150 Sv).

31) Si las zonas ecuatoriales están a una temperatura media de 25°C y las polares están a una temperatura media de 0°C, ¿cuál es la relación entre las emisiones en la radiación en el IR entre ambas zonas?

32) Utilizar la ecuación hidrostática para calcular la presión (en dbar) a una profundidad de 1000 m en un océano de densidad media 1028 kg/m³. Dato: 1 dbar=1,013·10⁴ Pa. ¿Qué se deduce del resultado?

33) La tabla siguiente muestra las temperaturas climatológicas atmosféricas anuales y en los meses de enero y julio, en todo el globo y por hemisferios (HN y HS).

T(°C)	ANUAL	ENERO	JULIO	AMPLITUD
TOTAL	14,3	12,6	16,0	3,4
H NORTE	15,2	8,1	22,4	14,3
H SUR	13,3	17,1	9,7	7,4

A) ¿Por qué la temperatura media anual del HN (HS) es mayor (menor) que la media total?

B) ¿Por qué la temperatura del HN en enero es menor que la del HS en julio?

C) ¿Por qué la temperatura del HN en julio es mayor que la del HS en enero?

D) ¿Por qué la temperatura total en julio es mayor que en enero?

E) Por qué la amplitud anual del HN es mayor que la del HS?

34) Suponiendo que el viento no ejerce fuerza directamente sobre la parte emergida del iceberg y con respecto a la dirección en la que sopla el viento ¿En qué sentido se desplazaría un iceberg en el Ártico en océano abierto cuya parte sumergida es igual a...

A) la profundidad de Ekman?

B) mayor que la profundidad de Ekman?

C) la mitad de la profundidad de Ekman?

Una tabla de integrales da:

$$\int e^{az}\cos(az+b) = \frac{e^{az}}{2a}\left[sen(az+b)+\cos(az+b)\right]+cte$$

$$\int e^{az}sen(az+b) = \frac{e^{az}}{2a}\left[sen(az+b)-\cos(az+b)\right]+cte$$

D) Durante sus expediciones al Ártico, Fridtjof Nansen observó experimentalmente que los grandes icebergs se desplazaban en océano abierto entre 20° y 40° a la derecha de la dirección del viento. Razonar si la hipótesis inicial es cierta o falsa.

35) Una conocida y muy utilizada expresión empírica extraída de la literatura oceanográfica que relaciona el módulo la velocidad de la corriente oceánica superficial (V_0) con la velocidad del viento (W) para una latitud determinada (λ) es:

$$V_0 = \frac{0,0127}{\sqrt{sen\lambda}}W$$

Utilizar dicha expresión, combinada con otras utilizadas en la teoría de Ekman, para llegar a esta otra expresión, que relaciona la profundidad de la capa de Ekman (D_E) con la velocidad del viento:

$$D_E = \frac{k}{\sqrt{sen\lambda}}W$$

Obtener la constante k (en las unidades apropiadas del SI) utilizando los siguientes valores numéricos: $C_d=1,4\cdot10^{-3}$. $\rho_{aire}=1,2$ kg/m^3. $\rho_{agua}=1025$ kg/m^3.

36) La figura adjunta muestra los resultados de varias tiradas a una diana que realizaron 4 diferentes jugadores de dardos. Se sabe que:

El jugador 1 tiene alta exactitud y pobre precisión.
El jugador 2 tiene pobre exactitud y alta precisión.
El jugador 3 tiene exactitud y precisión intermedias, pero más exactitud que precisión.
El jugador 4 tiene exactitud y precisión intermedias, pero más precisión que exactitud.

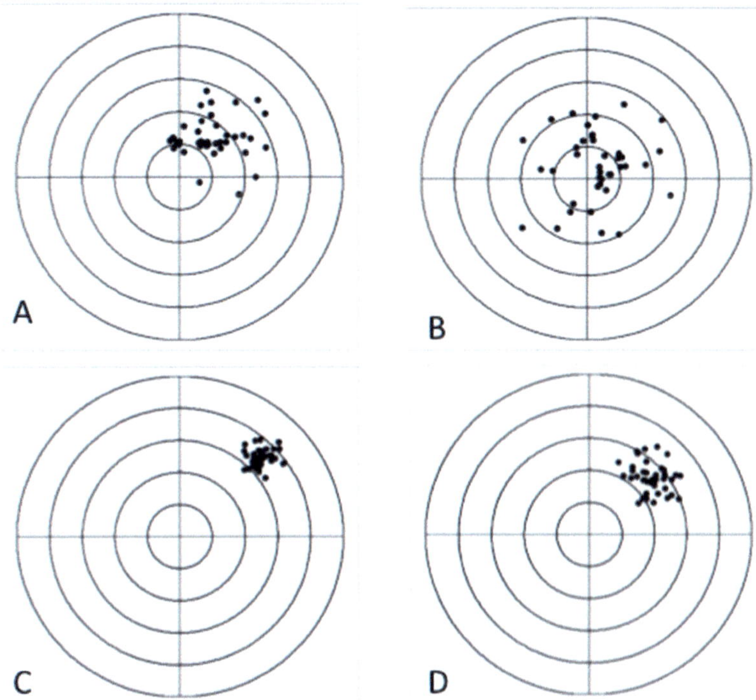

Se pide:

A) Identificar a los jugadores 1-4 con sus resultados.

B) Ordenar los resultados por exactitud creciente.

C) Ordenar los resultados por precisión creciente.

37) En un mapa meteorológico en superficie, de escala 1:25000000, las isobaras están representadas cada 4 hPa. En una zona concreta del mapa, centrada en la latitud 43,5 ºN, las isobaras están separadas 1,3±0,1 cm. Estimar el módulo del viento geostrófico y su error.

38) (para realizar en hoja de cálculo). La tabla adjunta muestra los transportes (en Sv, positivos hacia el norte, negativos hacia el sur) obtenidos a partir de cálculos geostróficos y ageostróficos, así como las temperaturas medias, en una sección zonal transatlántica a lo largo de 24ºN (MO) y del estrecho de Florida (FS) a la misma latitud.

Rango de profundidad	Sección transatlántica (MO) 24ºN		Estrecho Florida (FS) 24ºN	
	Transp.	Temp.	Transp.	Temp.
m	T (Sv)	Θ (ºC)	T (Sv)	Θ (ºC)
0-25	1,3636	26,456	2,6012	27,935
25-75	-2,4281	25,612	4,8014	26,303
75-150	-4,1718	21,950	5,9140	22,851
150-250	-3,3350	18,624	5,5904	17,144
250-350	-2,2094	16,825	3,6023	14,757
350-450	-1,2873	15,457	2,5582	12,363

450-550	-0,4787	13,854	2,0532	9,851
550-650	0,2088	12,116	1,4370	8,115
650-750	0,5429	10,362	0,8697	6,876
750-850	0,6562	8,709	0,1000	6,392
850-950	0,6145	7,400	-	-
950-1050	0,2804	6,482	-	-
1050-1150	0,0418	5,893	-	-
1150-1250	-0,3042	5,470	-	-
1250-1350	-0,5846	5,116	-	-
1350-1450	-0,8188	4,823	-	-
1450-1625	-0,8806	4,557	-	-
1625-1875	-1,4948	3,994	-	-
1875-2250	-2,6489	3,530	-	-
2250-2750	-3,7486	2,906	-	-
2750-3500	-5,9643	2,500	-	-
3500-4500	-9,5473	2,038	-	-
4500-6125	6,7711	1,775	-	-

Se pide:

A) Asumiendo que el Océano Atlántico está cerrado por su parte norte, comprobar la continuidad de volumen.

B) Describir qué masas de agua atraviesan la sección MO en función del signo del transporte. Calcular la contribución (en %) de cada masa de agua al transporte total en su sentido (hacia el N o hacia el S).

C) Calcular los transportes totales de calor en MO y en FS (en PW) como:

$$T_Q = \rho_0 C_p \sum_{0}^{6125m} \Theta(z)T(z)$$

Tomar ρ_0=1025 kg/m^3 y C_p=4184 J/(kg·°C). Usar el prefijo *Petta*: 1 P=10^{15}.

D) Calcular el transporte total a través de 24°N ¿Hacia donde se dirige el calor? ¿Es coherente con el balance radiativo terrestre?

E) Calcular la temperatura media ponderada por transporte en ambos casos (MO y FS) como:

$$\langle \Theta \rangle = \frac{\displaystyle\sum_{0}^{6125m} \Theta(z)T(z)}{\displaystyle\sum_{0}^{6125m} T(z)}$$

F) Calcular de nuevo el transporte de calor neto como:

$$T_Q = \rho_0 C_p T_{FS} \left(\langle \Theta_{FS} \rangle - \langle \Theta_{MO} \rangle \right)$$

Comparar el resultado con el del apartado C) y discutir los resultados.

39) Una central nuclear o térmica convencional tiene una potencia típica de 1000 MW. Si existiera tecnología para aprovechar un 1% del transporte oceánico del problema anterior ¿Cuántas centrales se podrían cerrar?

40) La figura adjunta muestra la distribución climatológica latitudinal de las componentes zonal y meridional del esfuerzo del viento (τ_x, τ_y) sobre la superficie oceánica.

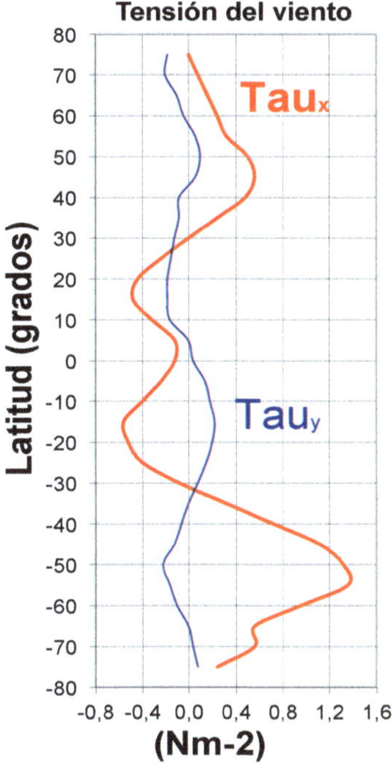

A) Comparar las magnitudes de ambas componentes ¿qué se deduce a efectos de la teoría de Ekman?

B) Estimar el bombeo meridional de Ekman entre 15° y 45° en ambos hemisferios (en m/día) y compararlos ¿qué conclusión se deduce?

C) Estimar el bombeo meridional de Ekman entre 55° y 65° en ambos hemisferios (en m/día) y compararlos ¿qué conclusión se deduce?

41) Si el módulo del viento (*Alisio*) medio que sopla sobre el ecuador geográfico a lo largo de 15000 km de Océano Pacífico es de 5,0 m/s, el coeficiente de fricción es de 0,0014, la densidad media del aire es de 1,2 kg/m³, y el viento sopla sobre una capa de agua de 100 m de profundidad y de densidad 1025 kg/m³ (supuestas constantes), estimar la sobreelevación que la superficie libre del océano tiene en la costa occidental con respecto a la de la costa oriental debido a la acumulación de agua causada por la CSE (expresar el resultado en cm).

42) Los diagramas TS de la figura adjunta fueron tomados durante la Campaña Oceanográfica *MORENA-I* (mayo 1993). Identificar las estaciones A, B, C, D con sus diagramas TS correspondientes.

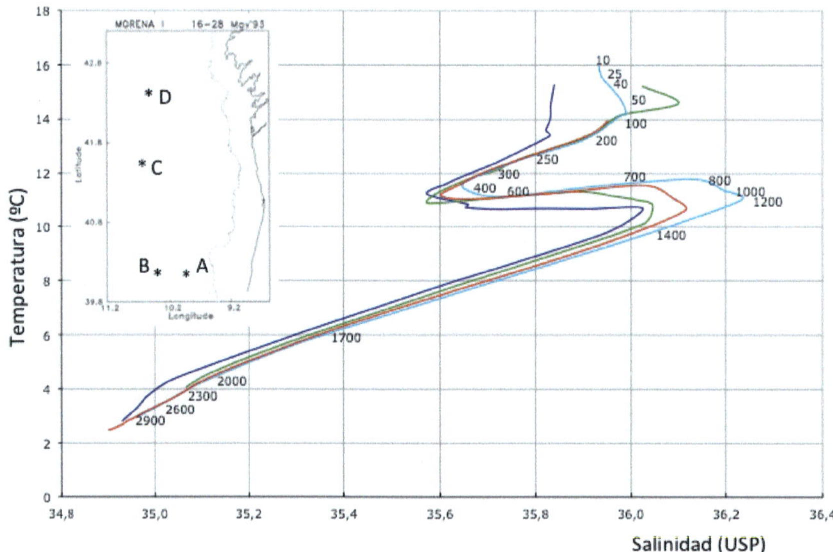

Figura tomada de Fiúza, A. F., Hamann, M., Ambar, I., del Río, G. D., González, N., & Cabanas, J. M. (1998). Water masses and their circulation off western Iberia during May 1993. Deep Sea Research Part I: Oceanographic Research Papers, 45(7), 1127-1160. https://doi.org/10.1016/S0967-0637(98)00008-9

43) La figura adjunta muestra un mapa con las estaciones muestreadas en la campaña *Galicia IX* (septiembre de 1986). Se muestrearon 9 cortes (transectos) perpendiculares a la costa gallega y asturiana. Cada estación tiene dos dígitos, el primero corresponde al número del transecto y el segundo corresponde al orden de la estación a partir de la costa (se muestran como ejemplo las estaciones del corte 4). La tabla adjunta muestra las temperaturas superficiales medidas en cada estación (transectos en rojo, estaciones en azul).

Temperaturas superficiales en la Campaña GALICIA IX (Sept. 1986).									
	Tr.1	Tr.2	Tr.3	Tr.4	Tr.5	Tr.6	Tr.7	Tr.8	Tr.9
Est.1	18,94	17,91	17,34	15,02	14,90	15,17	15,58	14,63	15,63
Est.2	17,83	18,00	19,09	16,43	14,70	19,07	18,86	18,12	16,31
Est.3	18,94	17,63	18,57	16,96	18,32	18,94	19,03	18,28	19,14
Est.4	19,37	19,11	18,10	17,50	18,30	18,30	18,99	19,18	19,18
Est.5	19,13	17,58	17,65		18,72	19,12	19,43	19,44	19,71
Est.6	18,89	17,91			18,83			19,40	19,84
Est.7		17,37							

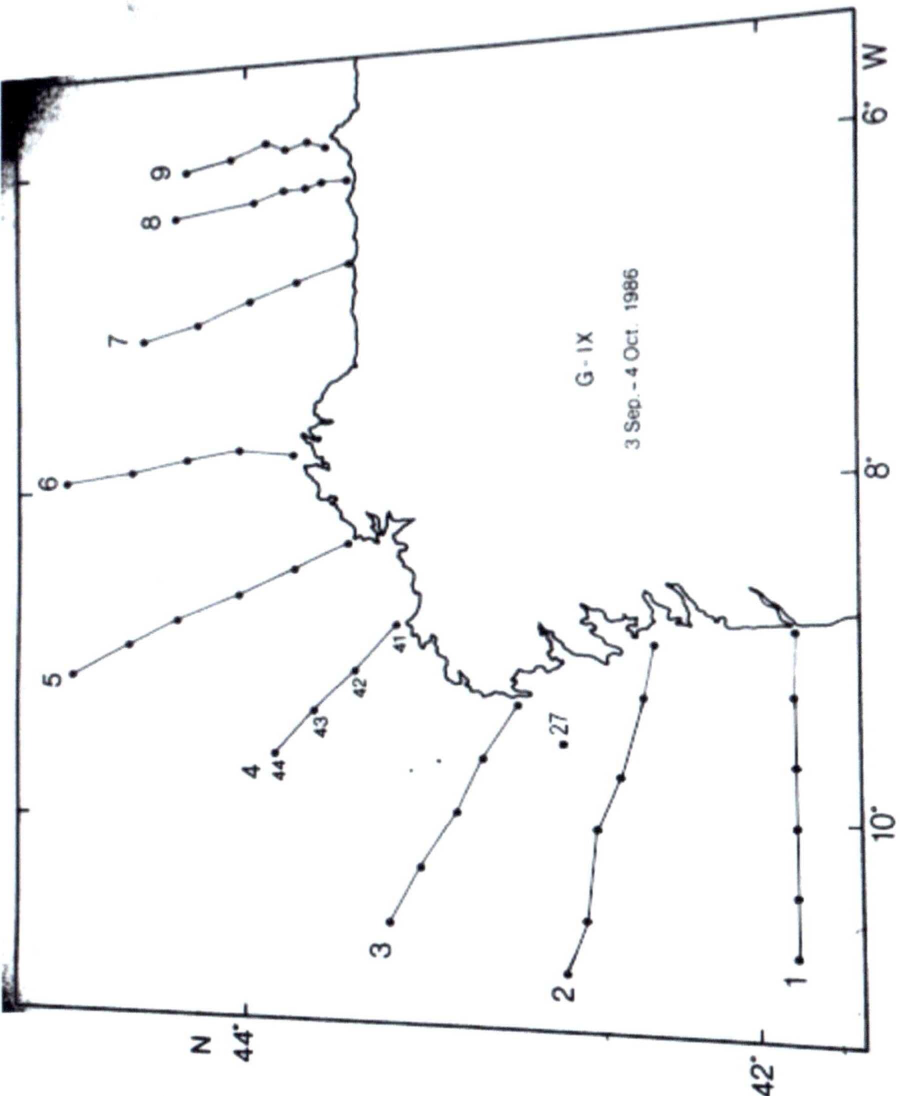

Datos de la tabla y figura tomados de Fraga, F., Figueiras, F. G., Prego, R., Pérez, F. F., & Ríos, A. F. (2019). Campaña "Galicia IX". https://digital.csic.es/handle/10261/196041

Sobre dicho mapa, realizar por interpolación el mapa de isotermas superficiales desde 15,0 °C a 19,5 °C cada 0,5°C. ¿Qué fenómeno oceanográfico está ocurriendo en el Mar Cantábrico?

44) La figura adjunta representa un mapa de topografía dinámica de la zona occidental gallega frente a las *Rías Baixas*, obtenido en septiembre de 1998. Las líneas están expresadas en $m^2 \cdot s^{-2}$, con respecto al nivel de referencia de 300 dbar. Se pide:

A) Módulo (cm/s) y sentido de la corriente entre las estaciones B8 y B9.

B) Sentido de giro de la estructura centrada en B7. Proponer un posible mecanismo para su aparición.

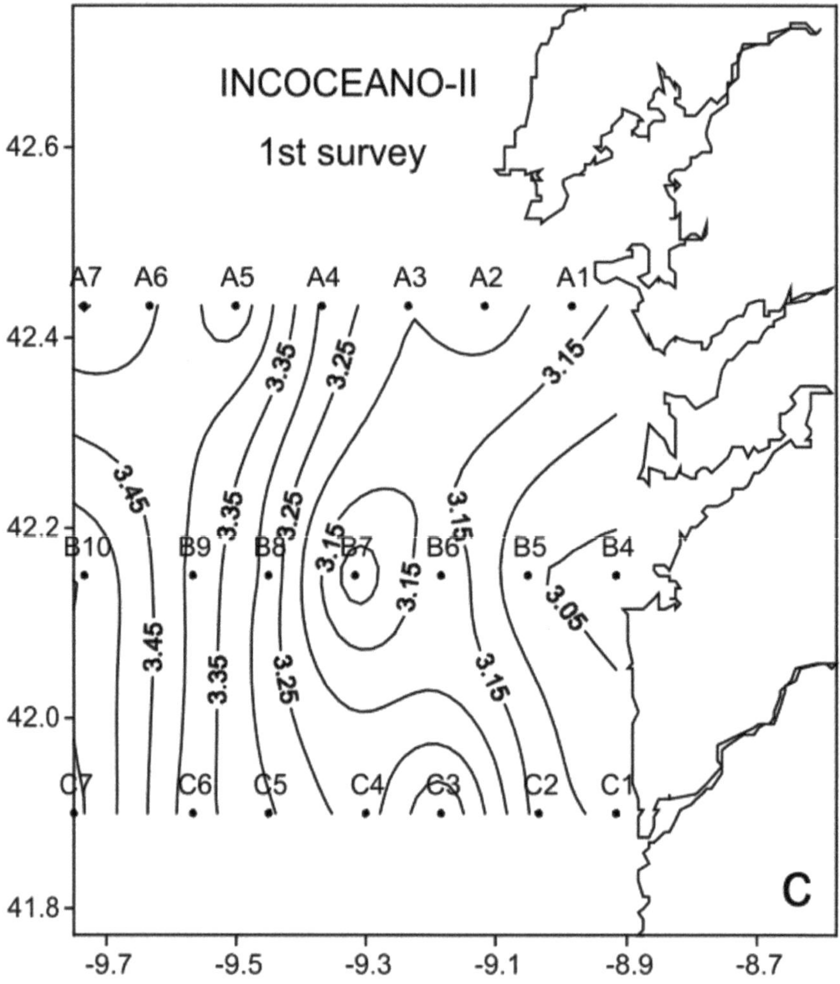

Tomada de Míguez, B.M., Varela, R.A., Rosón, G., Souto, C., Cabanas J.M. and Fariña-Busto, L. (2005). Physical and biogeochemical fluxes in shelf waters of the NW Iberian upwelling system. Hydrography and dynamics. *Journal of Marine Systems*, 54 (4), 127-138.

45) Medidas satelitales de las anomalías de la altura de la superficie libre del océano en el seno de un remolino oceánico de mesoescala, encuentran la siguiente distribución radial parabólica:

$$h(r) = ar^2 + c$$

A) Calcular la vorticidad relativa y deducir el sentido del giro. Tomar $a=+1\cdot10^{-10}$ m^{-1} y $f=+1\cdot10^{-4}$ s^{-1}.

B) Lo mismo para $a=-1\cdot10^{-10}$ m^{-1} y $f=+1\cdot10^{-4}$ s^{-1}.

C) Lo mismo para $a=-1\cdot10^{-10}$ m^{-1} y $f=-1\cdot10^{-4}$ s^{-1}.

D) Lo mismo para $a=+1\cdot10^{-10}$ m^{-1} y $f=-1\cdot10^{-4}$ s^{-1}.

46) La figura adjunta muestra el campo de alturas dinámicas superficiales (en metros dinámicos, relativas al nivel de 500 dbar) en la región del Estrecho de Bransfield (Península Antártica, latitud 63°S).

A) Estimar módulo y sentido de la corriente superficial donde tenga su máxima intensidad.

B) Describir la naturaleza de los 6 sistemas cerrados de pequeña escala.

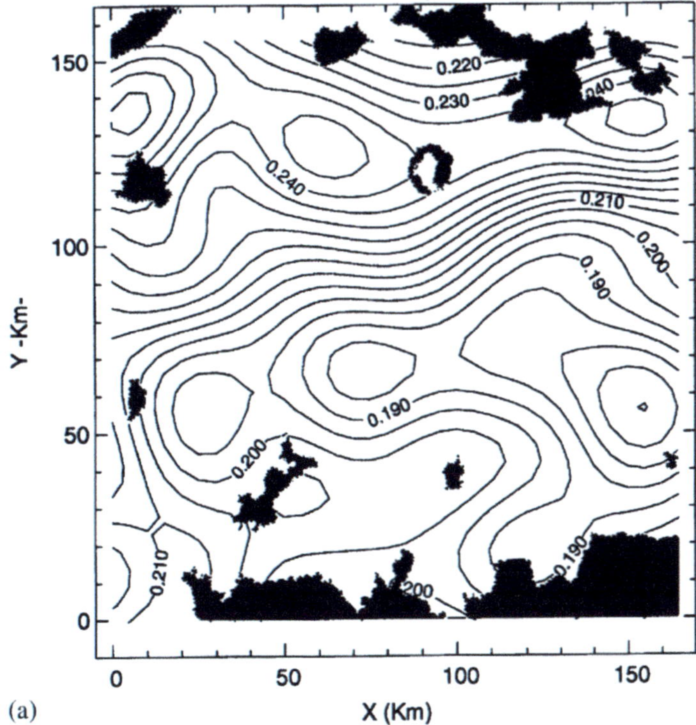

Tomada de Quasi-geostrophic 3D circulation and mass transport in the western Bransfield Strait during Austral summer 1995/96 (2002). Deep-Sea Research II, 49, 603-621.
https://doi.org/10.1016/S0967-0645(01)00114-X

47) La tabla siguiente muestra el perfil vertical de salinidad medio a lo largo de una sección perpendicular al eje principal de un estuario:

D(m)	S(USP)	D(m)	S(USP)	D(m)	S(USP)
0	35,306	10	35,084	20	34,720
1	35,301	11	35,076	21	34,642
2	35,298	12	35,068	22	34,532
3	35,290	13	35,053	23	34,521
4	35,284	14	35,032	24	34,501
5	35,280	15	35,010	25	34,493
6	35,186	16	34,932	26	34,467
7	35,173	17	34,911	27	34,399
8	35,162	18	34,854	28	34,385
9	35,099	19	34,763	29	34,375
				30	34,932

Si el caudal del río en el interior del estuario es de R=120 m³/s, determinar los caudales de los niveles superior e inferior debidos a la circulación estuárica y determinar qué tipo de circulación 2D se establece.

48) Representar el perfil de velocidad geostrófica (en m/s) con respecto a 2000 dbar entre las siguientes estaciones, de las que se muestra su perfil de densidad. ¿De que corriente se trata? ¿A qué profundidad tiene el perfil la máxima cizalla vertical y qué valor tiene?

Latitud (N)	36° 40,03'	37° 37,93'			
Longitud (W)	71° 0'	71° 0'			
	Estación A	**Estación B**		**Estación A**	**Estación B**
Prof	**Densidad**	**Densidad**	**Prof**	**Densidad**	**Densidad**
(m)	**kg/m**	**kg/m³**	**(m)**	**kg/m**	**kg/m³**
0	1023,296	1022,722	700	1030,021	1030,955
1	1023,300	1022,726	800	1030,688	1031,431
10	1023,673	1022,760	900	1031,363	1031,902
20	1023,743	1022,810	1000	1032,118	1032,369
30	1023,788	1023,832	1100	1032,693	1032,835
50	1024,882	1026,043	1200	1033,201	1033,300
75	1025,560	1026,922	1300	1033,676	1033,762
100	1026,063	1027,252	1400	1034,155	1034,226
125	1026,384	1027,480	1500	1034,622	1034,689
150	1026,739	1027,679	1750	1035,782	1035,842
200	1027,146	1028,086	2000	1036,931	1036,991
250	1027,446	1028,423	2500	1039,223	1039,280
300	1027,719	1028,729	3000	1041,494	1041,552
400	1028,239	1029,402	3500	1043,754	1043,781
500	1028,745	1029,969	4000	1045,958	1045,966
600	1029,267	1030,477			

49) Durante el verano, el Mar Rojo tiene una peculiar circulación *tricapa* a través del Estrecho de *Bab el Mandeb* (de unos 160 m de profundidad) como la mostrada en el esquema adjunto. El agua superficial (SW) y el Agua Profunda del Mar Rojo (RSOW) salen por superficie y fondo respectivamente, haciendo una cuña (fría y menos salina) entre ellas la entrada del Agua Intermedia del Golfo de Adén (GAIW).

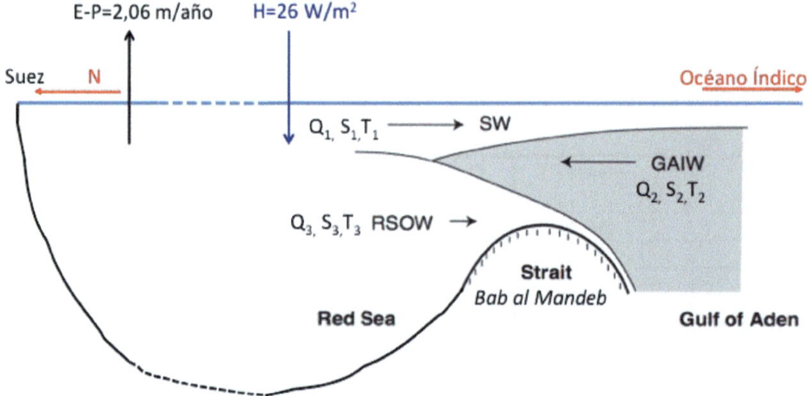

Modificada de Smeed, D.A. (2004). Exchange through the Bab el Mandab. Deep Sea Research II, 51 (4–5), 455-474. https://doi.org/10.1016/j.dsr2.2003.11.002.

El aporte de los ríos es nulo (R=0) y el balance Evaporación menos Precipitación neto es E-P=2,06 m/año. El balance de calor por superficie es de 26 W·m⁻² (entrante). El área superficial del Mar Rojo es A_{sup}=4,50·10¹¹ m² y la profundidad media del Mar Rojo es de 524 m. La tabla adjunta aporta las propiedades termohalinas de las tres masas de agua intercambiadas. Realizando balances de conservación de volumen, sal y calor, estimar los tres caudales (Q_1, Q_2 y Q_3, en Sv) de intercambio por el Estrecho de *Bab el Mandeb* y el tiempo de renovación del Mar Rojo (en años). Tomar ρ_0=1025 kg/m^3 y C_p=4180 J/(kg·°C).

CAPA	MASA DE AGUA	S (USP)	T (°C)	DENSIDAD (kg/m^3)
1	SW	37,0	32,0	22,5
2	GAIW	36,0	18,0	26,0
3	RSOW	39,0	21,0	27,5

50) Para la configuración frontal de la figura adjunta, estimar la velocidad y sentido de la capa menos densa:

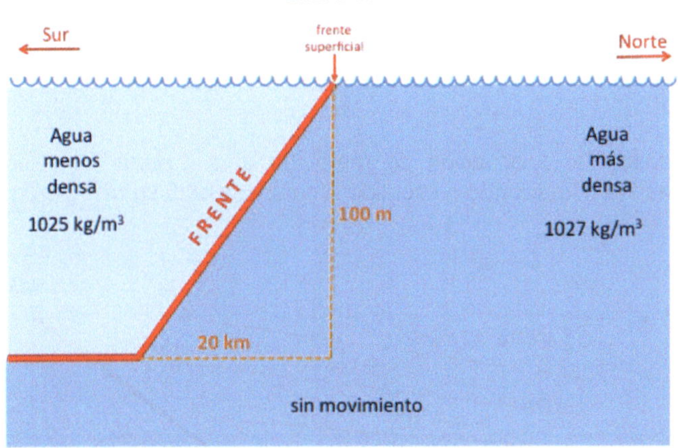

51) Suponiendo densidad constante y advección nula, estimar la salinidad de una capa de mezcla oceánica de 50 m de profundidad, inicialmente a una salinidad de 35,000 USP, después de recibir...a) Una precipitación neta de 250 litros/m^2; b) Una evaporación neta de 250 litros/m^2.

52) Calcular la profundidad del océano que contiene la misma capacidad térmica de toda la atmósfera. Datos: Para la atmósfera, M_{atm}/A=10,3·10^3 kg/m^2, $C_{p,atm}$=1004 J/kg/K. Para el océano, ρ_{oc}=1025 kg/m3, $C_{p,\,oc}$=4180 J/kg/K.

53) El Flujo de Agua Mediterránea (AM) que sale por la parte inferior del Estrecho de Gibraltar (200-600 m) tiene una salinidad media de 38,45 USP. Durante su hundimiento en el Golfo de Cádiz, se va mezclando con Agua Central NorAtlántica (ACNA), que tiene una salinidad media de 35,60 USP. Finalmente, cuando alcanza la profundidad de estabilidad (unos 1000-1200 m) posee una salinidad media de 36,50 USP. Calcular las contribuciones de AM y ACNA en la mezcla durante el hundimiento.

54) Para cada una de las cuatro configuraciones de la figura adjunta, donde las flechas indican la tensión del viento sobre el océano en el Hemisferio Norte: justificar qué procesos predice la teoría de Ekman en cada punto, tanto en la horizontal como en la vertical. Nota: en el apartado d no debe darse la solución trivial.

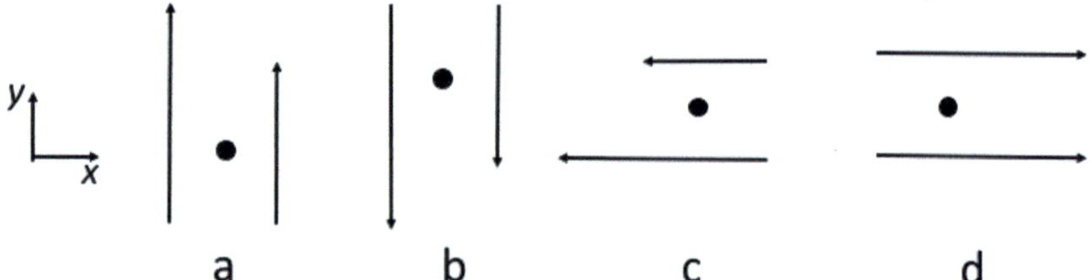

¿Cuál de las cuatro figuras es más realista con el proceso de subducción oceánica?

55) En la figura adjunta se muestra la distribución zonal (eje x) y vertical (eje z) de 6 capas consideradas de densidad constante en una zona adyacente a la costa.

A) Suponiendo geostrofía y sabiendo que la superficie del océano está más elevada hacia el oeste a razón de 1,5 cm cada 10 km, calcular la velocidad de la corriente en la capa 1, indicando su sentido.

B) Aplicar secuencialmente la ecuación de Margules para calcular la velocidad de la corriente en las capas 2 a 6, indicando su sentido. Tomar ρ_0=1025 kg·m^{-3}; g=10 m·s^{-2} y f=10^{-4} s^{-1}.

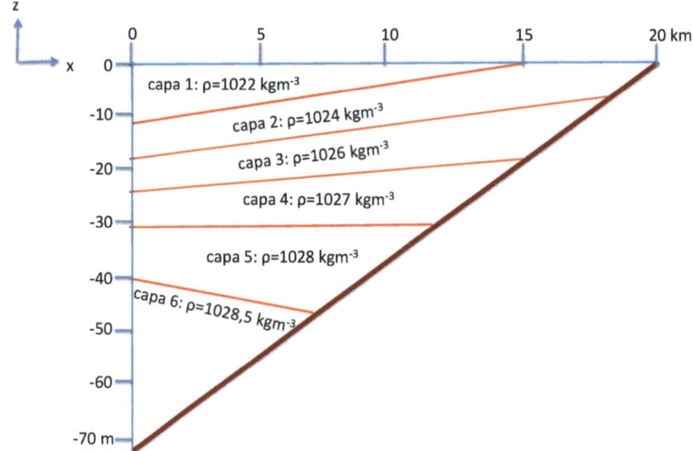

56) En el diagrama TS del ejercicio 17:

A) Estimar el coeficiente de expansión térmica, definido como

$$\alpha(S) = -\frac{1}{\rho}\left(\frac{\partial \rho}{\partial T}\right)_S$$

en tres isohalinas diferentes (35,0; 35,7 y 36,5 USP). ¿Qué conclusión se extrae?

B) Estimar el coeficiente de expansión halina, definido como

$$\beta(T) = +\frac{1}{\rho}\left(\frac{\partial \rho}{\partial S}\right)_T$$

en tres isotermas diferentes (2, 10 y 18°C). ¿Qué conclusión se extrae?

57) ¿Qué cantidad total de sales (expresada en g) habrá que añadir a 1,000 kg de agua pura para obtener un agua de mar de 35,000 USP.

58) Si la densidad del agua pura es 1000 kg/m³ y la masa de sales ya disueltas ocupan un volumen extra de 10 cm³, ¿Qué densidad tiene el agua de mar del problema anterior?

59) En cierta región del océano la densidad es función parabólica con la profundidad, con ρ(0 m)=1022,00 kg/m³, ρ(200 m)=1025,00 kg/m³ y ρ(1000 m)=1031,00 kg/m³. Calcular:

A) ρ(150 m) y ρ(600 m).

B) La densidad media de los primeros 1000 m de columna de agua ¿A qué profundidad se obtiene dicha densidad?

C) ¿Qué cuerpo de agua es más estable, el de 150 m o el de y 600 m?¿Hay algún cuerpo de agua inestable entre 0 y 1000 m?

60) En un mapa del tiempo, dos isobaras superficiales adyacentes están típicamente separadas unos 400 km.

A) ¿Cuál sería el módulo del viento típico asociado en latitudes medias?

B) ¿Cuál sería la diferencia de alturas típica que se crearía sobre la superficie oceánica entre dos puntos separados dicha distancia?

C) ¿Cuál sería la intensidad de la corriente geostrófica típica que se generaría en una latitud intermedia?

D) A la vista del resultado numérico de C) ¿A qué conclusión se llega?

61) Durante el invierno en el Hemisferio Norte la corriente de chorro es *ligeramente* más intensa que durante el invierno en el Hemisferio Sur, mientras que en verano la situación se invierte: es *ligeramente* más intensa en el Hemisferio sur. Justificar teóricamente estos hechos experimentales.

62) La cantidad de calor que la atmósfera es capaz de almacenar al calentarse una cantidad ΔT es $\delta Q(J/m^2)=M\cdot Cp\cdot\Delta T$, donde M es la masa total de la atmósfera por unidad de área y $Cp=(7/2)\cdot R_d$ es su calor específico a presión constante (se asume mezcla de gases diatómicos, R_d=287J/kg/K). Al mismo tiempo la atmófera, al calentarse, se expande y su energía potencial (Ep) debe aumentar en una cantidad δEp. Utilizar el modelo atmosférico hidrostático de temperatura variable con la altura (con gradiente térmico vertical Γ=6,5K/km) para estimar qué porcentaje del citado almacenamiento de calor es realizado por el aumento de energía potencial ($\delta Ep/\delta Q$). Ayuda: La atmósfera se calienta por igual a todas las presiones. La energía potencial de la atmósfera es:

$$Ep(J/m^2) = \int_0^\infty \rho gz\, dz$$

63) Una corriente oceánica superficial con transporte inicial Qi y propiedades termohalinas Si=35 USP y Ti=25°C atraviesa una zona donde existe una precipitación neta de P=0,1 Sv y un afloramiento de w=0,5 Sv de agua subsuperficial de propiedades S_0=35,8 USP y T_0=12°C. El calor aportado desde la atmósfera es de H=5·10⁷ MW. Las propiedades termohalinas finales de la corriente son Ss=35,5 USP y Ts=15°C. Se sabe que no hay intercambios laterales de propiedades.

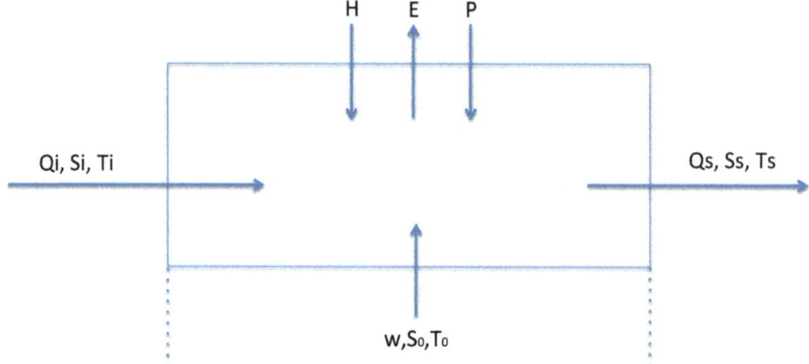

Calcular los transportes inicial (Qi), final (Qs) y la tasa de evaporación E (en Sv).
Datos: densidad de referencia $\rho_0 = 1025$ kg·m^{-3}. Calor latente: C_{lat}=2,45·10^6 J/kg. Calor específico: C_{esp}=4180 J/kg/K.

SOLUCIONES

1) A) En 30ºN. **B)** En 30ºS. **C)** Igual.

2) A: Rías Baixas; B: Cantábrico.

3) 89,5 W/m^2.

4) A) 920 años. **B)** La hipótesis de que la toda la energía del oleaje se convierte en calor es falsa (se invierte sobre todo en energía mecánica: movilizar sedimentos, erosión, etc.). Por tanto, la fracción de energía que se convierte en calor es extremadamente pequeña, por lo que en realidad el tiempo sería todavía mucho mayor del calculado.

5) A) A-B-C-D
B) A=ACNA/NACW. B=AIAA/AAIW. C=AM/MW. D=APNA/NADW
C) Núcleo de B a 850 m (triángulo ABC): b=49%.
Núcleo de C a 1300 m (triángulo BCD): c=34%.
D) Muestra de 1000 m. b= 60%; c=40%.
E) d=95%.

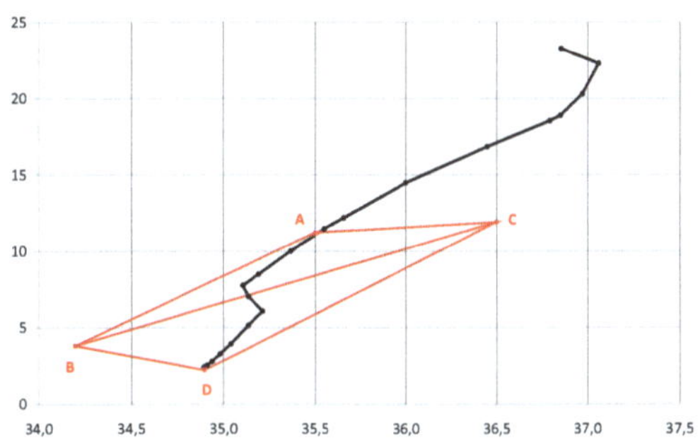

6) A) 0,42 K/día
B) No, porque con esos datos no podríamos evaluar la advección horizontal debida a las corrientes oceánicas de larga escala, que en un lago se pueden despreciar.

7) A) Horario/Anticiclónico.
B) 0,7 m/s hacia el sur en la sección marcada en rojo (líneas más juntas).

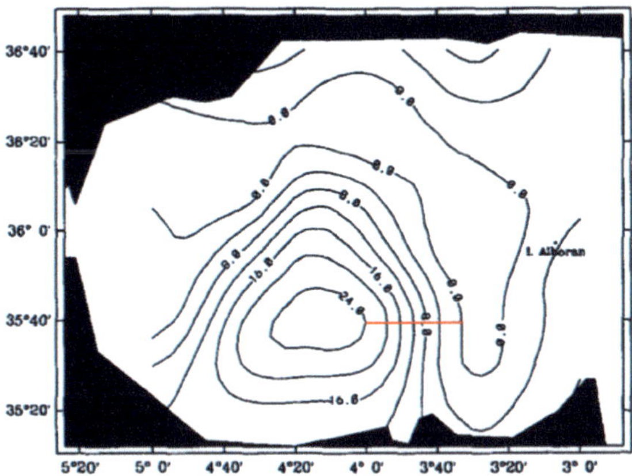

C) Igualando la vorticidad potencial para el Agua Atlántica que entra por el Estrecho de Gibraltar, antes (Golfo de Cádiz) y después (Mar de Alborán):

$$\zeta = f\left(\frac{H}{H_0} - 1\right)$$

con $f \cong cte$. Como el Agua Atlántica entra sobre la picnoclina y ésta es más somera en Alborán que en el Golfo de Cádiz: $H < H_0$, con lo que $\zeta < 0$, por lo que se induce un giro anticiclónico en Alborán, en coherencia con el apartado A.

8) A) $\Delta\rho_{S,T}$=0,005 kg/m^3. $\Delta\rho_T$=0,002 kg/m^3 (40%). $\Delta\rho_S$=0,003 kg/m^3 (60%).
B) Sí, c (en kg/m^3) debe estar expresado justo con 3 cifras decimales, ya que su error debe ser coherente con el error de 0,005 kg/m^3 calculado en A).

9) $a=b$=0,5.

10) 3,2 m/año. 1140 años.

11) +7,3·10^{-5} s^{-1}.

12) En z/D_E =-7/4.

13) En ambos planetas son iguales.

14) A) 100 m/s. **B)** más deprimido.

15) A) El Mediterráneo se enfriaría, el Atlántico se calentaría. **B)** El Mediterráneo se salinizaría, el Atlántico se desalinizaría. **C)** En el Mediterráneo bajaría, en el Atlántico subiría.

16) 2,9 cm/s; 54° hacia las bajas presiones.

17) A) a=50%; b=50%. **B)** a=57%; b= 43%. **C)** a=57%; b= 43%.
D) c_1= 38,5%; c_2= 28,7%; c_3= 32,8%

18) A) Más tiempo: el Na$^+$. Menos tiempo: el agua. **B)** 35,0 USP. **C)** 0,10 USP. **D)** 30,6 gNa$^+$/100gsales.

19) Corriente NorEcuatorial. 12 cm/s.

20) A) $v_2(x) = v_{2\max}\cdot\left(1 - \frac{x}{L_2}\right)$. **B)** $v_{2\max}$=1,0 m/s. L_2=20 km.

21) UV-visible: I=655 W·m^{-2}. R_1=491 W·m^{-2}. A_1=164 W·m^{-2}. T_1=R_2=T_2=A_2=0.
IR: T_3=0; E_1= 16373 W·m^{-2}. E_2= 16209 W·m^{-2}. T_{suelo}= 458 °C. T_{atm}=-41 °C.

22) No, ya que en Venus $a_{Coriolis} \ll a_{Presión}$ y debe recurrirse a otro tipo de aproximación (por ejemplo $a_{Presión} = a_{Fricción}$).

23) A) Horario. **B)** -1·10^{-5} s^{-1}; 14,5 días; 0,5 m/s. **C)** a_{cor}/a_{centr}=20. El modelo geostrófico es aplicable con ciertas reservas.

24) A) 0,17 Pa. **B)** 18 cm/s.

25) A) ΔE_{tierra}=7,3·10^{21} J. $\Delta E_{océano}$=1,4·10^{24} J. **B)** $\Delta E_{océano}/\Delta E_{tierra}$~200 veces más eficiente el océano.

26) S_2=34,689. La densidad aumenta 0,072 kg/m^3.

27) El hielo se eleva 20 cm sobre la superficie del agua. El nivel final del agua queda 183 cm por debajo del inicial. La superficie del hielo queda 163 cm por debajo del nivel del agua inicial.

28) $617 \cdot 10^3$ kJ/m^2.

29)

Sí	Sí	Sí
Sí	Sí	No
No	No	Sí
Sí	Sí	Sí
Sí	No	Sí
No	Sí	Sí
Sí	Sí	Sí
Sí	Sí	No
Sí	Sí	Sí
Sí	Sí	Sí

30) Las dos claves son la asimetría latitudinal del sistema de corrientes ecuatoriales y la continuidad de volumen: hay un importante flujo de la Corriente SurEcuatorial que circula por el hemisferio norte geográfico (al sur del ecuador meteorológico) y que finalmente en la parte occidental del Atlántico atraviesa el Ecuador meteorológico hacia el Norte (como Corriente de la Guayana, que finalmente alimenta a la Corriente del Golfo), mientras que la Corriente NorEcuatorial siempre permanece en el hemisferio norte y no atraviesa el Ecuador, por lo que el intercambio en sentido contrario no se produce.

31) $E_{ecuador}/E_{polo}=1,42$.

32) 995 dbar. Con un 0,5% de error, la presión en dbar es igual a la profundidad en metros.

33) Todas las preguntas tienen la misma respuesta: porque hay más área ocupada por tierra emergida en el HN que en el HS. El HN esta más frío en invierno y más caliente en verano y por tanto su amplitud estacional es mayor.

34) A) y B) en ambos casos a 90° a la derecha del viento.

C) entre 72° y 78° a la derecha del viento (dependiendo del tamaño de los trapecios elegidos para integrar).

D) es falsa, el viento debe ejercer fuerza sobre la parte emergida del iceberg para que el ángulo se reduzca.

35) $k=3,9$ s.

36) A) 1B, 2C, 3A, 4D. **B)** BADC. **C)** CDAB.

37) 10±1 m/s.

38) A) $T_{MO}=-29,4$ Sv. $T_{FS}=+29,5$ Sv. Con un error de 0,3% se satisface la continuidad de volumen.

B)

Sección MO	Rango(m)	T(Sv)	% N	% S
"Agua superficial"	0-25	1,4	13,0	
ACNA-NACW	25-550	-13,9		34,9
AIAA-AAIW	550-1150	2,3	22,4	
APNA-NADW	1150-4500	-26,0		65,1
AFAA-AABW	4500-6125	6,8	64,6	
TOTAL	0-6125	-29,4	100,0	100,0

C) $T_Q(MO) = -1,22$ PW. $T_Q(FS) = +2,37$ PW.

D) $T_Q = +1,15$ PW hacia el norte, coherente.

E) $<\Theta_{FS}> = 18,74°C$. $<\Theta_{MO}> = 9,66°C$.

F) +1,15 PW igual que antes, debido la continuidad de volumen.

39) 11500

40) A) Los transportes de Ekman oceánicos climatológicos son fundamentalmente meridionales. **B)** HN: -0,36 m/día. HS: -0,58 m/día. En el HS el hundimiento es mayor porque los ponientes son más intensos (efecto de la ausencia de masas de tierra). Las masas de agua centrales subducidas alcanzan algo más de profundidad en el HS. **C)** HN: +0,10 m/día. HS: +0,48 m/día. En el HS el afloramiento es mayor por el mismo motivo.

41) 63 cm.

42) A B C D.

43) Afloramiento costero.

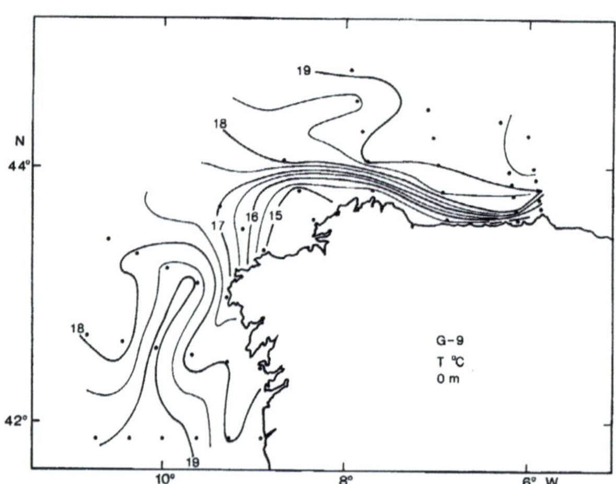

Tomada de Fraga, F., Figueiras, F. G., Prego, R., Pérez, F. F., & Ríos, A. F. (2019). Campaña "Galicia IX". https://digital.csic.es/handle/10261/196041

44) A) 12,5 cm/s hacia el sur. **B)** Antihorario/ciclónico. Generación de vorticidad relativa positiva por aumento de la batimetría en dirección norte-sur.

45) A) $4 \cdot 10^{-5}$ s^{-1}, antihorario. **B)** $-4 \cdot 10^{-5}$ s^{-1}, horario. **C)** $4 \cdot 10^{-5}$ s^{-1}, antihorario. **D)** $-4 \cdot 10^{-5}$ s^{-1}, horario.

46) A) En x=150 km, Δy=125-110 km; 13 cm/s hacia el E. **B)** Los 3 de la parte superior (110<y<150 km) son todos antihorarios/anticiclónicos. Los 3 de la parte inferior (40<y<70 km) son todos horarios/ciclónicos.

47) Q_{sup}=-7066 m^3/s. Q_{sup}=-7186 m^3/s. Circulación negativa.

48) Corriente del Golfo. Cizalla máxima a 75 m (0,00124 s^{-1}).

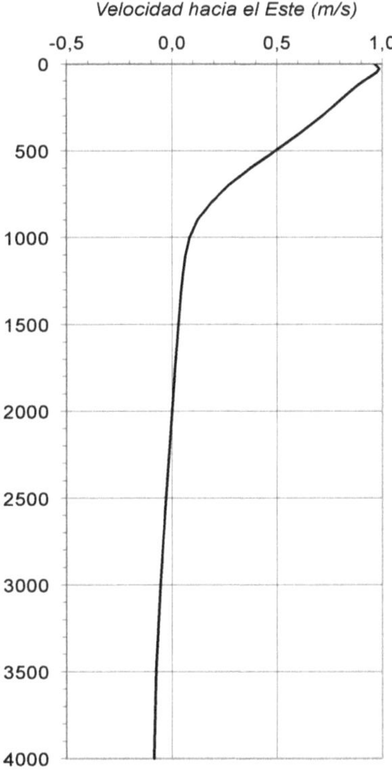

49) Q_1=0,17 Sv; Q_2=0,50 Sv; Q_3=0,30 Sv; τ=15 años.

50) 0,86 m/s hacia el este.

51) a) 34,826 USP; b) 35,176 USP.

52) 2,4 m.

53) $\%_{ACNA}$=68%. $\%_{AM}$=32%.

54) A) Convergencia en la horizontal y hundimiento en la vertical.

B) Divergencia/afloramiento.

C) Convergencia/hundimiento y subducción (vientos zonales).

D) Divergencia/Afloramiento (f aumenta con la latitud).

55)

CAPA	v_g (m/s)
1	-0,15 (hacia el sur)
2	-0,01 (hacia el sur)
3	+0,10 (hacia el norte)
4	+0,14 (hacia el norte)
5	+0,14 (hacia el norte)
6	+0,09 (hacia el norte)

56) A) $\alpha(35,0)$= $1,5 \cdot 10^{-4}$ K^{-1}; $\alpha(35,7)$= $1,6 \cdot 10^{-4}$ K^{-1}; $\alpha(36,5)$= $1,8 \cdot 10^{-4}$ K^{-1}. El agua de mar se expande cuando la temperatura aumenta, pero esta expansión es mayor a salinidad alta.
B) $\beta(2)$=$7,8 \cdot 10^{-4}$ USP^{-1}; $\beta(10)$=$7,6 \cdot 10^{-4}$ USP^{-1}; $\beta(18)$=$7,5 \cdot 10^{-4}$ USP^{-1}. El agua de mar se expande cuando la salinidad disminuye, pero esta expansión es mayor a temperatura baja.

57) 36,269 g de sales.

58) 1026,01 kg/m^3.

59) A) $\rho(150)$= 1024,31 kg/m^3; $\rho(600)$= 1029,20 kg/m^3.
B) $<\rho>$=1027,75 kg/m^3. $D(<\rho>)$=434 m.
C) $E(150)$= $1,39 \cdot 10^{-5}$ m^{-1}. $E(600)$= $7,30 \cdot 10^{-6}$ m^{-1}. No.

60) Tomando una f típica de 10^{-4} s^{-1} tenemos:
A) 8 m/s.
B) 4 cm.
C) 1 cm/s.
D) Es una velocidad insignificante, lo que demuestra que los cambios de la presión atmosférica apenas afectan directamente a las corrientes oceánicas.

61) Más tierra en el HN que enfría (calienta) más el aire sobre ella durante el invierno (verano), lo que hace aumentar (disminuir) el gradiente de T^a ecuador-polo.

62) $\delta Ep/\delta Q$=24%.

63) Qi=23,5 Sv; Qs=23,7 Sv. E=0,4 Sv.

CAPÍTULO 3: PROBLEMAS Y CUESTIONES SIN RESPUESTA

1) Un correntímetro mide la velocidad de la corriente (vector) en forma polar: módulo y ángulo con respecto al norte. El fabricante admite en la ficha técnica del instrumento unos errores absolutos para dichas magnitudes de $\pm 0,1$ cm/s y $\pm 1°$ respectivamente. Si en un instante dado el correntímetro ha medido una celeridad de 10 cm/s y un ángulo de 30° ¿Qué errores relativos tienen el módulo y el ángulo? ¿Qué errores (absolutos y relativos) deben asignarse a las componentes cartesianas de la velocidad (u, v) para esa medida?

2) ¿Por qué en la Antártida hay mucho más hielo que en el Ártico?

3) El yoduro de plata (AgI) es una sal muy higroscópica muy frecuentemente lanzada a la atmósfera para provocar lluvia artificial. ¿Podrías definir su papel en dicho proceso?

4) ¿Por qué un chorro que sale de un grifo se estrecha a medida que cae?

5) Si se vierte agua muy caliente en un vaso grueso de vidrio, la probabilidad de que rompa ¿es mayor, menor o igual que si se tratase de un vaso de paredes finas?

6) Los modelos solares prevén que para dentro de 10^6 años la radiación solar disminuya un 30% con respecto a su valor actual. a) Calcular la temperatura de la superficie solar en ese momento. b) ¿De qué color (aproximado) se verá el sol por entonces? Datos: T_{actual}=6000K.

7) Dado un viento geostrófico a 1300 m de altura, del W y de intensidad 10 m/s, un gradiente horizontal de temperatura media entre 1300 y 2200 m constante y dirigido de S a N, de magnitud 5,3 K/100 km, y una temperatura media entre 1300 y 2200 m de 0°C, determinar intensidad y sentido del viento geostrófico a una altitud de 2200 m. Latitud 30°N.

8) En el modelo climático más simple (sin atmósfera ni ciclo hidrológico), si en el futuro la constante solar aumentase, en términos relativos a la actualidad, un 4%, ¿cuánto cambiaría (también en términos relativos a la actualidad) la temperatura de equilibrio?¿Aumenta o disminuye?

9) Partiendo de la ecuación hidrostática y de la ecuación de estado para el aire seco, deducir una expresión que determine la presión en función de la coordenada vertical en el caso de que la temperatura disminuya linealmente con la altura a un ritmo Γ, conocidas la presión y la temperatura a nivel del suelo. Aplicar la expresión obtenida para calcular la presión en el limite superior de la troposfera (z=10000 m). g=9,81 m·s^{-2} ; R_d=287 J·kg^{-1}·K^{-1} ; Γ=6,5 k/km; p_0=1015 hPa T_0=20°C.

10) Si la presión atmosférica disminuye sobre el océano 1 hPa ¿qué variación de altura crea en la superficie oceánica? ¿aumenta o disminuye?

11) Si la presión atmosférica sobre el océano es 1 hPa mayor en el punto A que en el B ¿qué diferencia de alturas en la superficie oceánica hay entre A y B? ¿Es mayor la altura en A o en B?

12) ¿Por qué la tropopausa está a menor altura sobre las zonas polares que sobre las ecuatoriales?

13) La presión atmosférica media sobre la superficie terrestre es de 1013,25 hPa ¿Cual es la masa de toda la atmósfera? g=9,81 m·s^{-2} ; R=6371 km.

14) La presión hidrostática media sobre los fondos oceánicos es de 3800 dbar hPa ¿Cual es la masa de todo el océano? g=9,81 m·s^{-2} ; R=6371 km.

15) Mostrar esquemáticamente por qué el modelo geostrófico no permite justificar los movimientos verticales de aire en el seno de Anticiclones y Borrascas, mientras que la introducción de la aceleración de fricción en dicho modelo sí lo permite.

16) Para la expresión más realista de la variación vertical de la presión para la troposfera (que se extiende verticalmente desde la superficie hasta una altura h=11000 m), calcular su presión media. ¿A qué altura se encuentra dicha presión media? Datos: p_0= 1013 hPa. T_0=288°K. R_d=287 m^2·s^{-2}·K^{-1}. Γ=6,5 K·km^{-1}. g=9,81 m·s^{-2}. Ayuda: tabla de integrales:

$$\int (ax+b)^n dx = \frac{(ax+b)^{n+1}}{a\cdot(n+1)}$$

17) En meteorología se representan con mucha frecuencia mapas de propiedades (viento, temperatura, humedad...) a una presión constante de 500 hPa para visualizar las condiciones de la troposfera a un nivel intermedio. ¿A qué altura se encontraría dicha isobara...

A) ...si utilizamos el modelo más completo de troposfera con gradiente vertical de temperatura constante de Γ=6,5 K·km^{-1}? Compararla con altura calculada en el problema anterior ¿A que conclusión se llega?

B) ...si utilizamos el modelo de troposfera isoterma?

C) ...si utilizamos el modelo de troposfera isopicna?

D) ¿Suponiendo correcto el modelo del apartado a), ¿qué errores relativos (en %) se cometen en el cálculo de dicha altura en los modelos de los apartado b) y c)?

Tomar p_0= 1013 hPa. T_0=288°K. R_d=287 m^2·s^{-2}·K^{-1}. g=9,81 m·s^{-2}.

18) ¿Sería correcto utilizar la ecuación del viento térmico para estimar la velocidad de un viento involucrado en el fenómeno de la brisa marina? Justificar la respuesta.

19) ¿Sería correcto utilizar la ecuación del viento térmico para estimar la velocidad de un viento involucrado en el fenómeno del monzón? Justificar la respuesta.

20) ¿Por qué el máximo anual de radiación con cielo despejado que se produce en la Tierra cerca del solsticio de invierno en las latitudes altas del hemisferio sur (>500 W/m^2) es mayor que su equivalente en el hemisferio norte (<500 W/m^2)? (figura 3.2 en 03 RADIACION.pdf).

21) Si la temperatura media superficial terrestre es de 15°C y el gradiente térmico vertical medio en la troposfera es de 6,5 K/km, estimar la temperatura media de la troposfera (en °C) , de altura media 10 km.

22) La figura adjunta muestra un mapa de topografía dinámica de la superficie oceánica obtenida de un modelo en la región del giro subtropical del Atlántico Norte. Los valores de las isolíneas están expresadas en cm dinámicos con respecto al nivel de referencia de 1000 dbar. Para cada una de las cuatro secciones azules representadas y considerando geostrofía, se pide:

A) Dirección y sentido de la corriente que atraviesa cada sección.

B) Módulo de la corriente que atraviesa cada sección en cm/s.

C) Nombre de la corriente que atraviesa cada sección.

D) Comparar los resultados obtenidos en ambas corrientes meridionales y describir el fenómeno que se observa.

E) Considerando el error de medida de la regla utilizada, estimar el error absoluto que dicha medida propaga en el módulo de la corriente más intensa calculada en b), en cm/s.

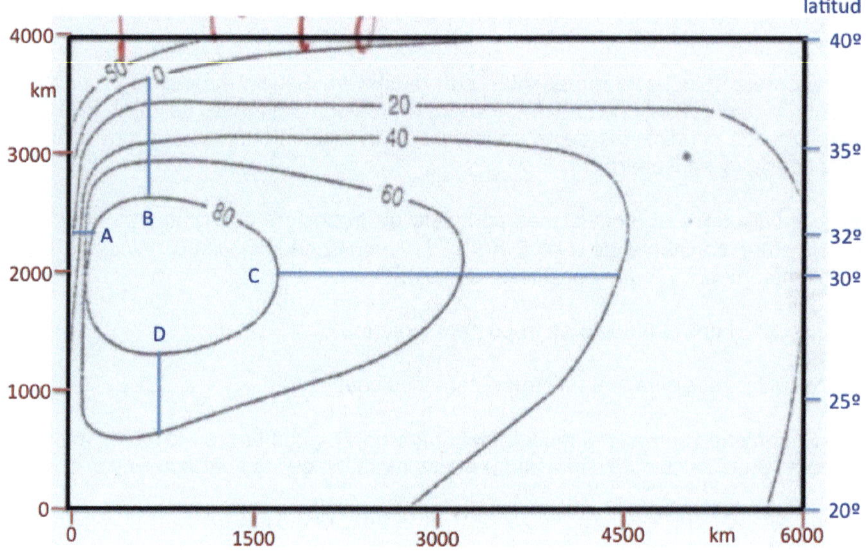

23) La figura adjunta muestra la distribución de presión atmosférica al nivel del mar (isobaras en hPa) sobre una región de océano abierto. Admitiendo que la situación es estacionaria, para ambos puntos 1 y 2 de la figura, se pide:

A) Componentes y sentido del viento geostrófico (en m/s).

B) Componentes y sentido de la tensión del viento (en Pa).

C) Componentes y sentido de la corriente superficial (en cm/s).

D) Componentes y sentido del transporte de Ekman (en $m^2 \cdot s^{-1}$): dar una interpretación física de los resultados.

E) Modulo y sentido de la velocidad vertical (m/día) entre 1 y 2: dar una interpretación física del resultado.

Representar todos los vectores de los apartados anteriores en la figura.
Datos: Densidad aire: 1,2 kg/m^3. Sigma-t: 22. Coeficiente de arrastre: 0,0014. Coeficiente de viscosidad turbulenta K=0,02 m^2/s.

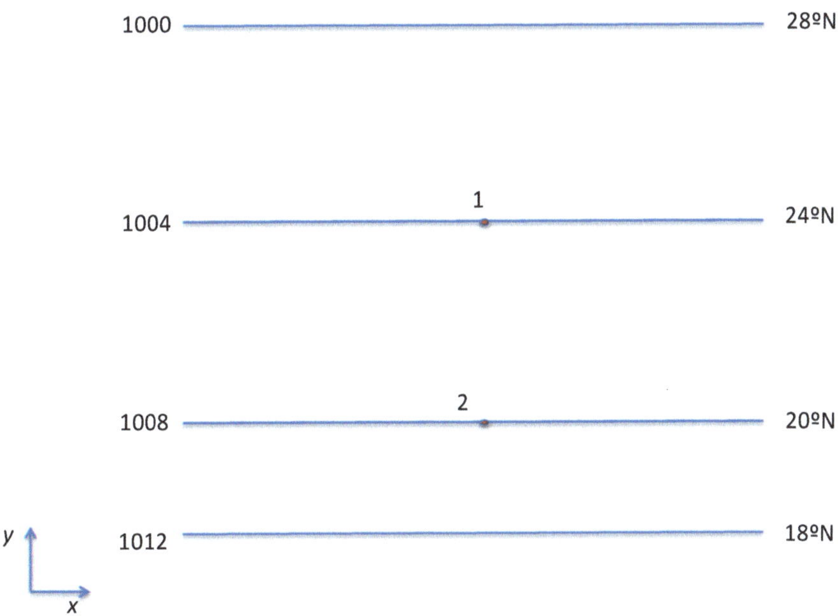

24) Una corriente oceánica zonal que discurra por una zona de profundidad constante ¿es propensa a formar remolinos en su seno? Y en caso de serlo, ¿qué tipo de remolinos? Razonar la respuesta.

25) Una corriente oceánica meridional que discurra por una zona de profundidad constante ¿es propensa a formar remolinos en su seno? Y en caso de serlo, ¿qué tipo de remolinos? Razonar la respuesta.

26) Para mantener la *Corriente de Chorro* en la alta troposfera ¿qué sentido debe tener la pendiente meridional de las isotermas…

A) En el Hemisferio Norte?
B) En el Hemisferio Sur?

27A) Para mantener las corrientes NorAtlántica y NorPacífica ¿qué sentido debe tener la pendiente meridional de las isopicnas? b) Y para mantener la Corriente Circumpolar Antártica?

28A) Si, en un contexto de cambio climático, en el Hemisferio Norte la zona polar se está calentando más que la ecuatorial, ¿qué impacto tiene este hecho en la intensidad de la *Corriente de Chorro*?

B) Si, en un contexto de cambio climático, en el hemisferio Sur la zona polar se está calentando menos que la ecuatorial, ¿qué impacto tiene este hecho en la intensidad de la *Corriente de Chorro*?

29) ¿La constante solar de Venus será mayor menor o igual que la constante solar en la Tierra? ¿Y la de Júpiter? ¿Y la de la Luna? Razonar las respuestas.

30) En un mapa del tiempo, dos isobaras superficiales adyacentes están típicamente separadas unos 400 km.

A) ¿Cuál sería la diferencia de alturas que se crearía sobre la superficie oceánica?

B) ¿Cuál sería la intensidad de la corriente geostrófica que se generaría en una latitud intermedia?

C) A la vista del resultado numérico, ¿A qué conclusión se llega?

31) A la hora de enviar la presión para fabricar el mapa del tiempo, una estación meteorológica situada a 1500 m de altura registra una presión de 835 hPa. El gradiente térmico vertical es de 7 K/km y la temperatura a nivel del mar es de 10°C. En estas condiciones ¿Qué presión debe enviarse al servicio meteorológico para alimentar el mapa del tiempo?

32) En la figura adjunta se muestra la distribución meridional (eje y) y vertical (eje z) de 5 capas consideradas de densidad constante en una región del Pacífico Norte.

A) Dar una explicación climática del por qué la densidad cerca de la superficie crece con y.

B) Suponiendo geostrofía y sabiendo que la superficie del océano está más elevada hacia el sur a razón de 1 cm cada 100 km, calcular la velocidad de la corriente en la capa 1, indicando su sentido.

C) Aplicar secuencialmente la ecuación de Margules para calcular la velocidad de la corriente en las capas 2 a 5, indicando su sentido. Tomar $\rho_0=1025$ kg·m^{-3} ; g/f=10^5 m·s^{-1}.

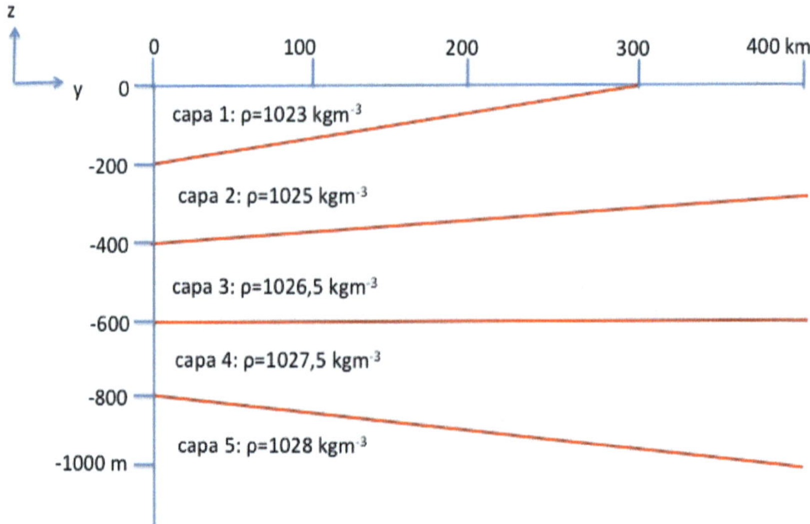

33) En una región oceánica extensa, que abarca un rango amplio de latitudes en el hemisferio Norte, sopla un viento del Este, constante con la latitud. Razonar si en la región existirá o no *Bombeo de Ekman* y en caso afirmativo indicar su sentido.

34) Como sabemos, la variabilidad estacional de la temperatura media de la troposfera en las zonas ecuatoriales es muy pequeña en comparación con la de los polos. Según esto, en el Hemisferio Norte ¿cuándo es más intensa la corriente de chorro, en verano o en invierno? Razonar la respuesta.

35) Es un hecho comprobado experimentalmente que, en general, los fluídos se expandan al calentarse, sin que ello suponga cambios en su masa total. Se espera que debido al calentamiento global tanto la atmósfera como el océano se calienten 1 K.

A) Tomando el conocido modelo atmosférico de temperatura constante con la altura y admitiendo que la atmósfera es una mezcla de gases ideales, determinar cuánto aumentaría la altura cactacterística de dicho modelo h_c. Datos g=9,81 m/s^2, R=287 J/(kg·K).

B) Dado el coeficiente de expansión térmica del agua de mar $\alpha=1,7.10^{-4}$ K^{-1} y la profundidad media de los océanos <H>=3800 m determinar cuánto aumentaría dicha profundidad media.

C) Comparar y discutir los resultados obtenidos para ambos fluidos.

36) En un momento dado, que llamaremos instante inicial (t=0), la concentración media de un "trazador pasivo" (sustancia no reactiva, por ejemplo resultado de un vertido contaminante dentro de la Ría de Vigo) es C_0, mientras que en el exterior de la Ría su concentración es nula. A partir de ese momento inicial, y debido a circulación estuárica positiva, dicho trazador se irá "aclarando" dentro de la ría. Llamemos $C(t)$ a la concentración del trazador dentro de la ría después de un tiempo t; sea V el volumen de la ría. La variación temporal de la cantidad del trazador (C·V) dentro de la ría puede escribirse, suponiendo que el trazador está bien mezclado dentro de la ría, realizando el siguiente balance de masa:

$$d(C \cdot V)/dt = \Sigma(Qe \cdot Ce) - \Sigma(Qs \cdot Cs)$$

donde Qe son los caudales que entran en la ría y Qs los caudales que salen de la ría debidos a dicha circulación estuárica, que vamos a suponer constantes con el tiempo, y Ce y Cs son las concentraciones de trazador en dichos caudales de entrada y salida. Se pide:

A) Identificar Qs y Qe con los caudales involucrados en la circulación estuárica positiva. Identificar también Ce y Cs según lo establecido en el párrafo anterior. Resolver la ecuación anterior en $C(t)$, en función de C_0, Q_1, V y t.

B) Usando el conocido concepto de "tiempo de renovación" τ, expresar C(t), en función de C_0, t y τ.

C) ¿Cuál será la concentración de trazador dentro de la ría una vez transcurrido exactamente el tiempo de renovación (t = τ) (expresar el resultado en función de C_0).

D) Supongamos que el trazador deja de ser nocivo para el ecosistema de la ría cuando su concentración de trazador sea un 1% de la inicial ¿Cuánto tiempo deberá pasar para que eso ocurra? (expresar el resultado en función de τ).

E) Se define el "tiempo de vida media", $t_{1/2}$ al tiempo que transcurre hasta que la concentración de trazador sea justo la mitad de la que había al principio. Calcular la relación entre $t_{1/2}$ y τ.

F) Representar gráficamente en un diagrama cartesiano C en función del tiempo, especificando en ordenadas la posición de C_0 y en abscisas la posición de $t_{1/2}$ y τ.

37) Un cuerpo de agua, inicialmente a 25°C y 35 USP, es advectado por una corriente superficial hasta que su temperatura disminuye hasta 15°C. Suponiendo que dicho enfriamiento es solo debido a la evaporación sufrida durante la advección ¿Cuál será su salinidad? Datos: Calor latente de evaporación: $2{,}45 \cdot 10^6$ J/kg, calor específico: 4180 J/(kg·K).

38) Representar el proceso del problema anterior en el diagrama TS adjunto y estimar el cambio de densidad sufrido durante el proceso de advección.

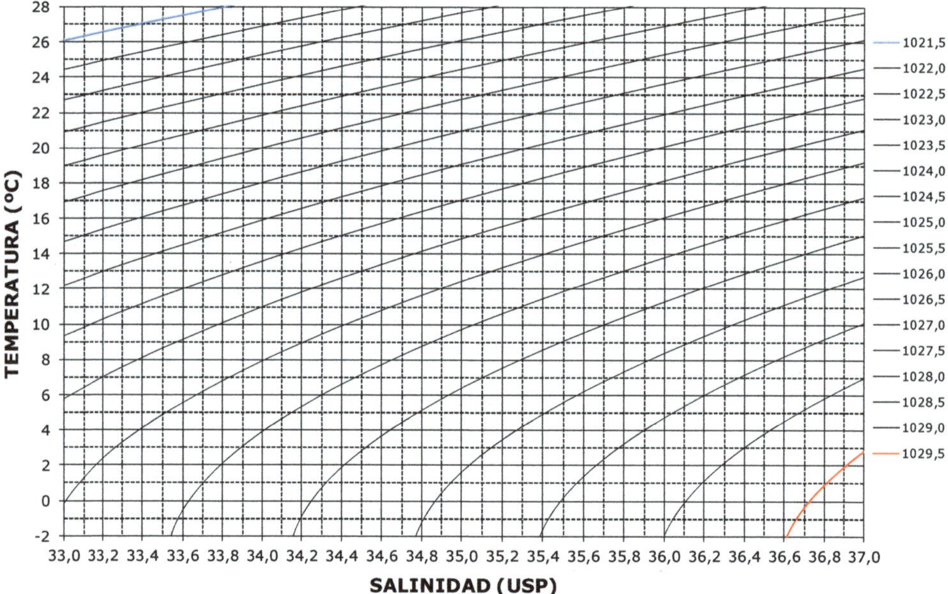

39) La velocidad de la luz en el vacío es una constante física universal, con el valor actualmente aceptado de 299792 km/s. De las siguientes formas alternativas de expresarla: A) $3 \cdot 10^5$ km/s y B) 299500 km/s.

A) ¿Cuál es la más precisa?

B) ¿Cuál es la más exacta?

Razonar las respuestas.

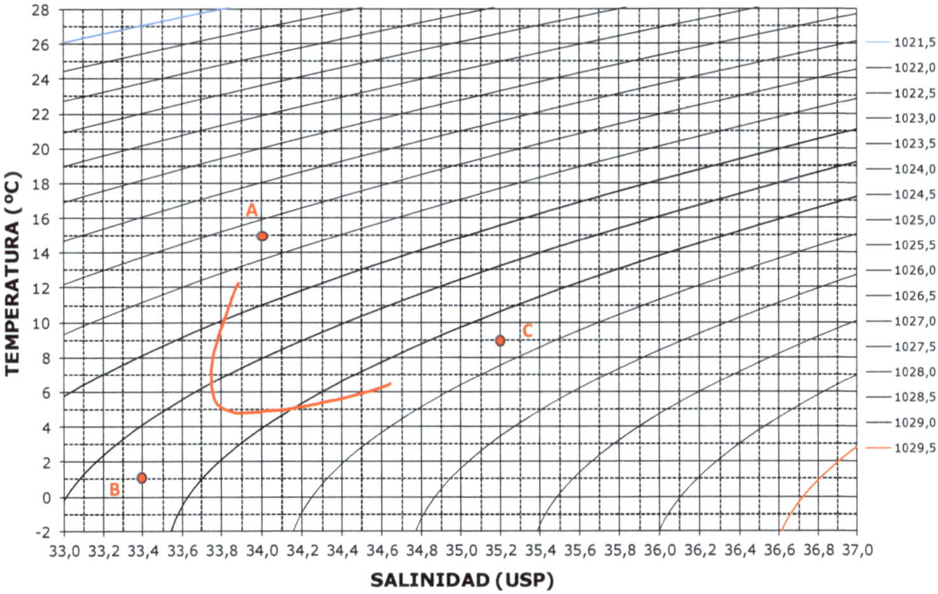

40) En el diagrama TS adjunto la curva representa la mezcla de los tipos A, B y C.

A) Ordenar los tipos por orden de profundidad creciente.

Señalar sobre la curva, dando sus coordenadas TS y su densidad, el punto que corresponde al…

B) … máximo de salinidad, dando además la contribución de B a la mezcla.

C) … mínimo de salinidad, dando además la contribución de B a la mezcla.

D) … máximo de temperatura, dando además la contribución de B a la mezcla.

E) … mínimo de temperatura, dando además la contribución de B a la mezcla.

F) … máximo de densidad.

G) … mínimo de densidad.

H) … máximo de estabilidad

I) … mínimo de estabilidad

J) … máximo de concentración de A.

K) … núcleo de B, dando además la contribución de B a la mezcla.

L) … máximo de concentración de C.

M) Discutir la variabilidad en la contribución de B en los puntos de los apartados B, C, D, E y K.

141

41) En una mezcla ternaria de tipos de agua A, B y C, si dos de ellos tienen la misma temperatura, demostrar que las isotermas son líneas de concentración constante del tercer tipo. Representarlo esquemáticamente en un diagrama TS.

42) Como generalización del problema anterior, demostrar que la pendiente de las rectas de concentración constante del uno de los tipos es la misma que la de la recta que une los otros dos tipos. Representarlo esquemáticamente en un diagrama TS.

43) En cierta región oceánica del hemisferio norte la altura de la superficie del océano aumenta 1 m al ir 100 km hacia el este e inmediatamente disminuye 1 m en otros 100 km hacia el este. Determinar la vorticidad utilizando geostrofía. ¿Cuál sería el resultado si fuera en el hemisferio sur?

44)A) Dar un valor típico para la relación g/f en el hemisferio norte con una sola cifra significativa.
B) ¿Cuál debe ser típicamente la diferencia de alturas de la superficie del océano, extendida sobre una longitud horizontal de 100 km, en una zona que atraviesa una corriente superficial de 1 m/s?

45) En la ecuación de Bernouilli $p + \rho g z + \frac{1}{2}\rho V^2 = \text{cte}$, mostrar que el segundo y tercer término tienen las mismas dimensiones del primero.

46) ¿Qué dimensiones tiene la constante k en la ley de Hooke $F = -kx$?

47) Cuatro de las más famosas constantes fundamentales de la física (con sus unidades en el SI) son:

a) La velocidad de la luz c ($m \cdot s^{-1}$).
b) La constante de la Gravitación universal G ($N \cdot m^2 \cdot kg^{-2}$).
c) La constante de Plank h ($J \cdot s$).
d) La constante de Bolzmann k ($J \cdot K^{-1}$)

De qué manera deben combinarse estas constantes para formar una magnitud que tenga dimensión de:

A) Masa.
B) Longitud.
C) Tiempo.
D) Temperatura.

48) La constante de Stefan-Bolzmann σ tiene unidades en el SI $W \cdot m^{-2} \cdot K^{-4}$; es una combinación de las constantes universales c, G, h y k, cuyas unidades están definidas en el problema anterior. ¿Con qué exponentes aparecerán dichas constantes universales en la expresión general de σ?

49) Las figuras adjuntas muestran los perfiles de salinidad, temperatura y densidad (sigma-t) de dos estaciones adyacentes a la costa Ibérica, que llamaremos estación roja y estación azul. Se pide:

A) Representar "a mano alzada" un diagrama TS de la estación roja.
B) Dar un rango aproximado de profundidades para la capa de mezcla, la termoclina permanente y el ACNA en la estación roja.
C) ¿Es estable la columna de agua en ambas estaciones? Razonar la respuesta. En caso de que haya inestabilidades ¿En que rango de profundidades se producen?

D) Calcular, para ambas estaciones, las contribuciones de AM en el máximo de salinidad del perfil. Valores tipo: ACNA (11°C, 35,5 USP); AM (12,2°C, 36,5 USP); AL (3,3°C, 34,9 USP).

E) Una de las estaciones está situada en 42°N, 10°W y la otra en 42°N, 9°30'W. Razonar cuál.

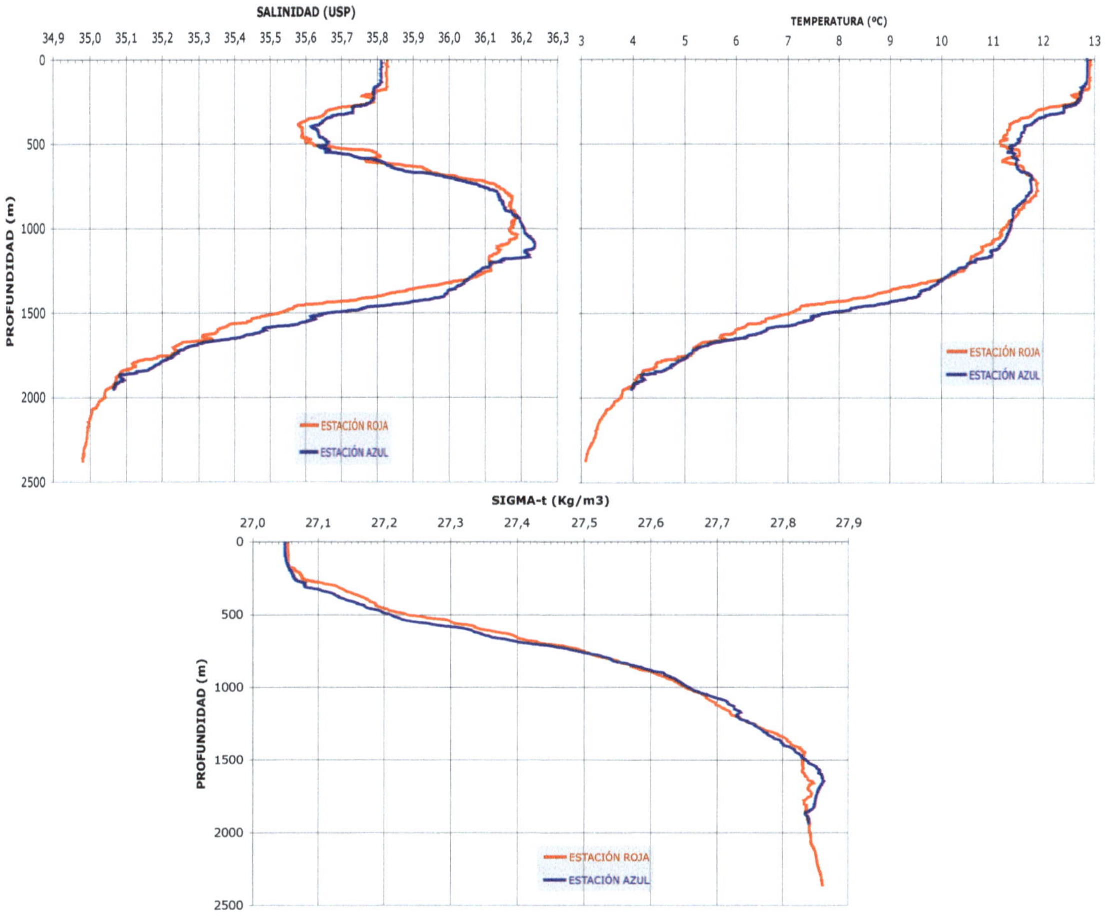

50) La figura adjunta muestra, para las mismas estaciones del ejercicio 49), los perfiles de la densidad media de la columna de agua, donde se ha tomado como nivel de referencia 775 m. Se pide:

A) Estimar la velocidad y el sentido de la corriente en 300 m y en superficie. Datos: g=9,81 m·s^{-2}; ρ_0=1025 kg·m^{-3}.

B) La diferencia de alturas que adquieren las isobaras de 300 db y 0 db con respecto a la horizontal, en cm, indicando en cuál de las dos estaciones está mas elevada.

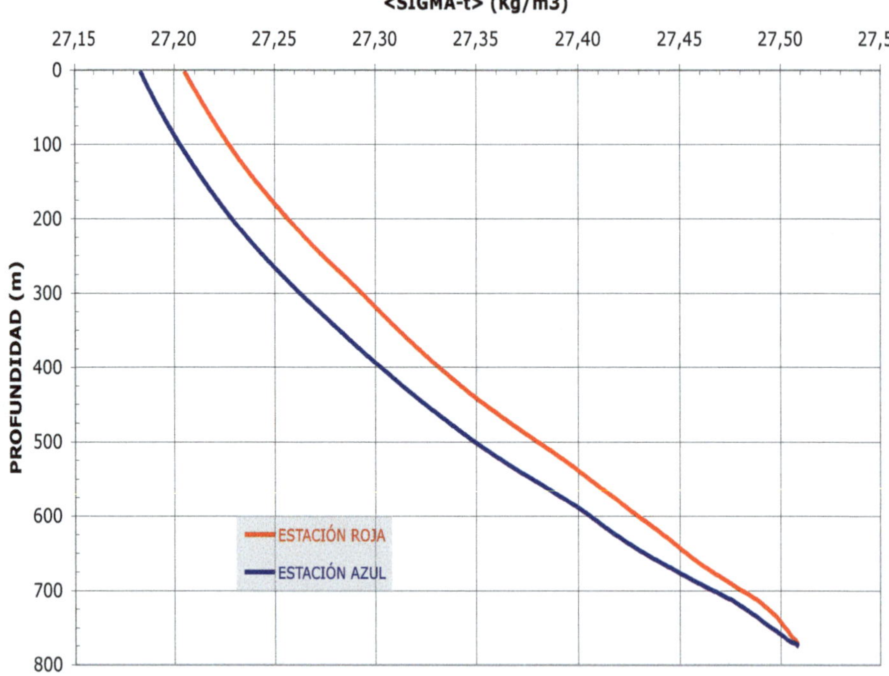

51) La figura muestra un esquema de la sección hidrográfica a través de un remolino oceánico al sur de las Islas Canarias (latitud 27° N). Bajo las hipótesis de que el agua a 1000 m está en reposo y de que el fluido está en balance geostrófico:

A) Diagnosticar si se trata de un movimiento ciclónico o anticiclónico y por qué.

B) La densidad media de la columna de agua entre 0 y 1000 m toma los valores $\bar{\rho}(r = 0) = 1027{,}5\,\frac{kg}{m^3}$; $\bar{\rho}(r = 200\ km) = 1026{,}5\,\frac{kg}{m^3}$. Obtener la velocidad superficial en unidades SI.

C) Estimar la aceleración centrífuga en unidades SI y compararla con alguno de los términos del balance geostrófico. ¿Qué se deduce del resultado?

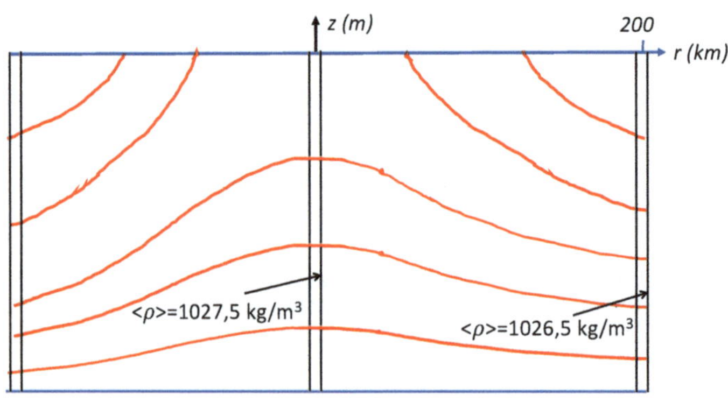

52) Al comienzo del invierno (t=0) una región oceánica tiene un perfil vertical de temperatura lineal: $T(z)=T_S+\Lambda \cdot z$ donde T_S es la temperatura en superficie, $\Lambda<0$ y z es la profundidad. A partir de entonces se produce una pérdida de calor desde la superficie del océano hacia la atmósfera a una tasa constante Q ($W \cdot m^{-2}$). A medida que el agua se enfría, la convección vertical va produciendo una capa de mezcla invernal, de temperatura verticalmente uniforme $T_m(t)$ y de espesor $h(t)$. Igualando dicho calor cedido con la pérdida del contenido de calor de la columna de agua, y con la ayuda del teorema del valor medio, determinar la evolución de $T_m(t)$ y $h(t)$ durante el invierno. Asumir que la temperatura es continua en la base de la capa de mezcla y que los efectos de los cambios de densidad son despreciables.

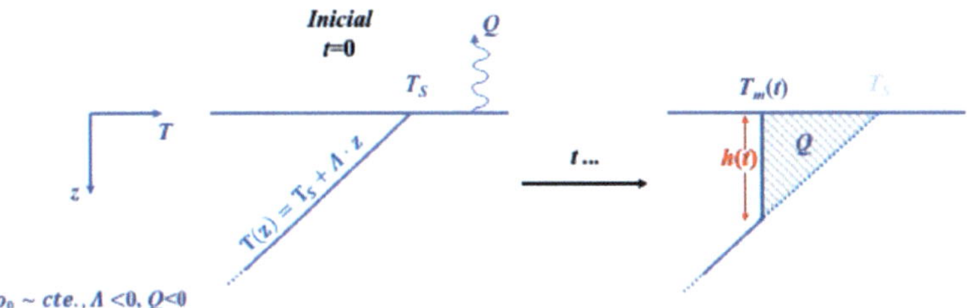

A) Tomar ρ_0=1025 kg/m³, C_p=4000 J/(kg·K), Q=-25 $W \cdot m^{-2}$ y Λ=-10 K/km. ¿Cuánto tiempo le lleva alcanzar a la capa de mezcla la profundidad de 100 m?

B) Si los primeros 100 m de océano se calientan 5°C durante los 3 meses de verano ¿Cuál es el flujo de calor medio hacia el océano?

53) El llamado *forzamiento radiativo* es el cambio en la tasa de energía (con respecto al balance de energía climático en la época preindustrial, 1750) que el aumento de gases de invernadero antropogénicos está introduciendo en el sistema climático terrestre. Este forzamiento extra significa que la Tierra recibe más energía incidente de la que devuelve al espacio. Actualmente (2019) el valor dado por el IPCC para este forzamiento es de 3,1 $W \cdot m^{-2}$ (el CO_2 contribuye a este valor con 2,1 $W \cdot m^{-2}$ y el CH_4 con 0,5 $W \cdot m^{-2}$).

Sin embargo, el IPCC diagnostica que durante el siglo XXI tendrá un valor promedio aun mayor, 4,0 $W \cdot m^{-2}$. Como todo lo que sobra va al océano (no solo la masa sino también la energía) este caso tampoco es una excepción: ese *calor extra* acabará siendo absorbido por el océano en la capa de los 1000 primeros metros (hasta la base de la termoclina permanente). Calcular el aumento de temperatura de esta capa de océano durante el siglo XXI. ρ_0=1028 kg/m³, C_p=4000 J/(kg·K).

54) Según la teoría de Ekman, el módulo de la velocidad superficial es directamente proporcional a la tensión del viento. Además, debe depender de la densidad del agua de mar, del factor de Coriolis y del coeficiente de viscosidad turbulenta vertical. Deducir de qué manera deben combinarse esas magnitudes y la forma matemática que debe tener la expresión.

55) La figura adjunta representa la distribución de los vectores de viento que actúan sobre la superficie oceánica en una región centrada en 45° N en cuatro posiciones. Se indica además el módulo de la velocidad del viento en cada posición. Se pide:

a) La tensión del viento en cada posición (módulo y sentido).

b) El transporte de Ekman en cada posición (módulo y sentido).

c) El bombeo de Ekman en 0 . Consecuencias.

d) La vorticidad relativa de la corriente superficial en 0. Consecuencias.

Datos: Coeficiente de arrastre: 0,0015. Densidad del aire: 1,22 kg/m^3. Sigma-t: 25 kg/m3. Coeficiente de Viscosidad turbulenta vertical 0,02 m^2/s.

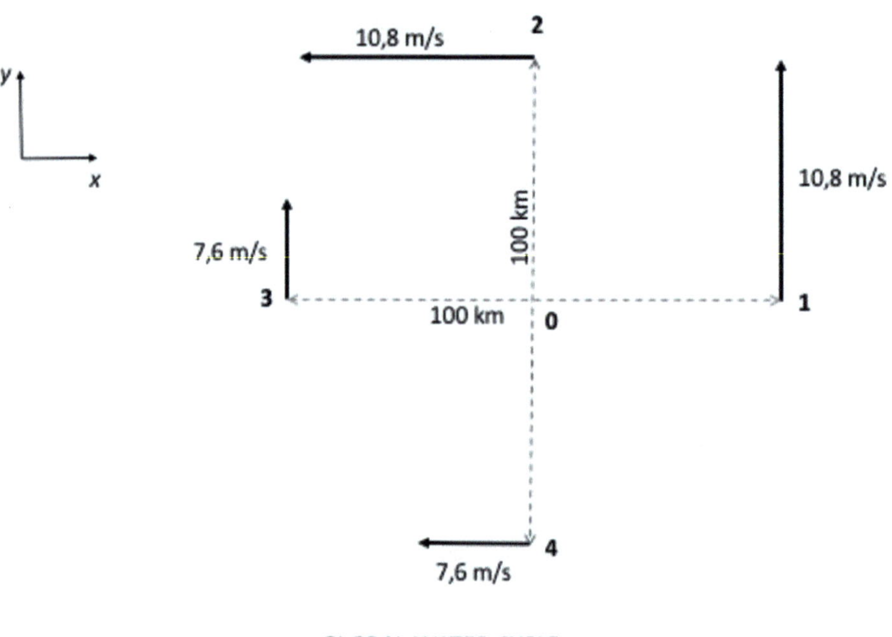

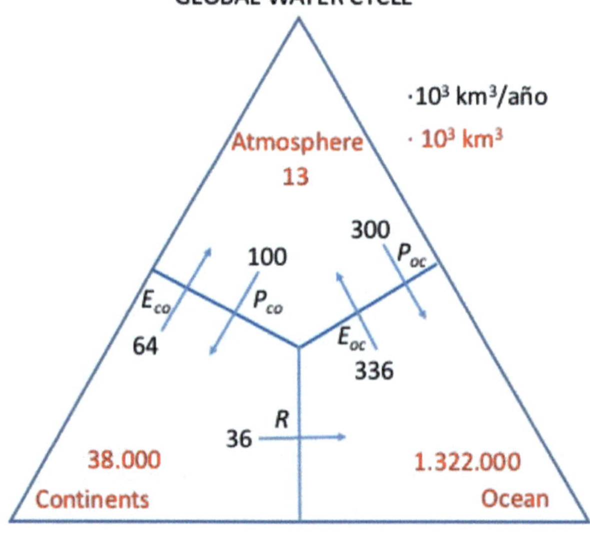

56) La figura adjunta muestra esquemáticamente el ciclo global del agua, donde figuran los tres compartimentos principales (con sus reservorios en rojo, en miles de km^3) y los flujos entre ellos (Evaporación, Precipitación, aporte de los Ríos, **en negro**, en miles de km^3/año).

A) Atendiendo al volumen ¿Está cada uno de los compartimentos en estado estacionario? Razonar la respuesa.

B) ¿Están compensados los flujos verticales E y P ? ¿Con qué se compensa el flujo horizontal R? Razonar la respuesta.

C) ¿Precipita y se evapora más agua sobre los océanos de lo que le corresponde por su área (el Área superficial de los Océanos es el 71% del Area de la Tierra)? Calcular el exceso o defecto de P y E y proponer causas que lo justifiquen.

D) Estimar cuánto tiempo tarda el agua de cada compartimento en renovarse. Utilizar las unidades de tiempo adecuadas para cada caso, y discutir las analogías/diferencias entre ellos.

E) Estimar la energía térmica involucrada en el ciclo del agua por calor latente (en W/m^2), indicando cuál(es) de los compartimentos ganan energía y cuál(es) la pierden. Datos: Calor latente de vaporización del agua líquida $2{,}45 \cdot 10^6$ J/kg. Densidad del agua líquida 1000 kg/m^3. Radio de la tierra: 6371 km.

F) Calcular el calentamiento o enfriamiento anual (en K/año) de cada uno de los tres compartimentos teniendo en cuenta los procesos del apartado anterior. Datos: Calores específicos del agua dulce y oceánica: 4180 J/kg/K. Calor específico del aire: 1005 J/kg/K. Presión atmosférica superficial media 1013 hPa; g=9,81 ms^{-2}. A la vista de las resultados numéricos, ¿qué conclusión se extrae?

G) Estimar la humedad específica media de la atmósfera en g de vapor de agua/kg de aire húmedo.

FP-1-3

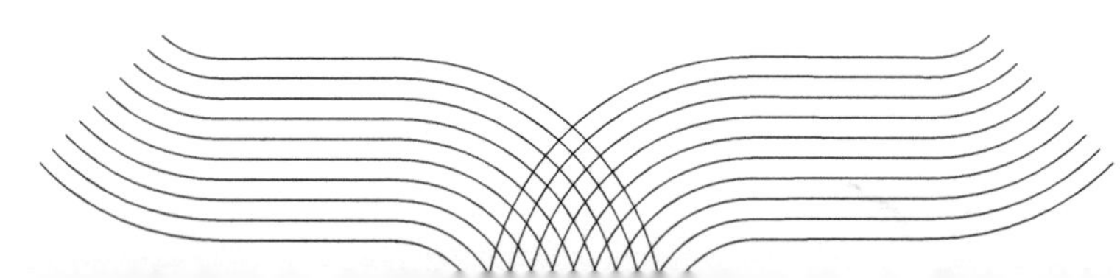